DEEP LEARNING AND PRACTICAL APPLICATION
OF ARTIFICIAL INTELLIGENCE

深度学习
与人工智能实战

张重生 著

机械工业出版社
CHINA MACHINE PRESS

深度学习是新一代人工智能所使用的主要技术。本书深入浅出地讲解了深度学习的相关技术，包括深度学习编程基础、目标分类、目标检测、图像分割、生成对抗网络等。对每种技术，本书均从原理和程序实现两个方面进行讲解。在原理方面，讲解算法和技术的相关背景、主要算法思想和原理；在程序实现方面，从数据准备、神经网络模型实现、损失函数实现、整体训练流程和效果展示五部分对算法的实现进行具体介绍，帮助读者深入了解算法的细节，积累相关实践经验。

本书是《深度学习与人工智能》的配套用书，适合深度学习领域的初学者，以及高校高年级本科生和研究生阅读学习。

本书各章节的源代码和实验数据集可通过本书的 GitHub 主页下载，以供读者自主练习。

图书在版编目（CIP）数据

深度学习与人工智能实战 / 张重生著 . —北京：机械工业出版社，2023.11（2024.11 重印）
ISBN 978-7-111-74322-4

Ⅰ .①深… Ⅱ .①张… Ⅲ .①机器学习②人工智能 Ⅳ .① TP18

中国国家版本馆 CIP 数据核字（2023）第 225850 号

机械工业出版社（北京市百万庄大街 22 号 邮政编码 100037）
策划编辑：李馨馨　　　　　　　责任编辑：李馨馨　汤　枫
责任校对：龚思文　刘雅娜　　　责任印制：单爱军
北京虎彩文化传播有限公司印刷
2024 年 11 月第 1 版第 3 次印刷
184mm×240mm・13.25 印张・268 千字
标准书号：ISBN 978-7-111-74322-4
定价：89.00 元

电话服务　　　　　　　网络服务
客服电话：010-88361066　机 工 官 网：www.cmpbook.com
　　　　　010-88379833　机 工 官 博：weibo.com/cmp1952
　　　　　010-68326294　金 书 网：www.golden-book.com
封底无防伪标均为盗版　机工教育服务网：www.cmpedu.com

前言
PREFACE

本书按照知识由浅入深、循序渐进的规律编写而成。内容分为三大部分，第一部分是 Python 和 PyTorch 编程基础，介绍常用的函数及其用法；第二部分是初级深度学习算法与技术，含基础卷积神经网络的实现，目标识别、人脸表情识别等实战；第三部分是高级深度学习算法和技术，含孪生神经网络、度量学习、蒸馏学习、目标检测、图像分割、图像生成等技术及实战。本书的附录还提供了常用 PyTorch 函数速查手册。

本书根据深度学习技术的特点，将内容划分为数据准备、神经网络模型实现、损失函数实现、整体训练流程和效果展示五部分。这种章节内容安排方式逻辑清楚，可操作性强、更易理解。

本书是一本实战性较强的深度学习书籍，书中内容基于作者多年来的理论与实践积累。感谢以下人员对本书的完成所提供的巨大帮助：

1）随着三年深度学习上机课的开展，助教杜凯、韩诗阳、邓斌权积累了各章节的实验素材和代码。

2）每章的实验内容的材料整理主要由陈承功和邓斌权负责（两者在此部分的贡献占比分别为 70% 和 30%）。

本书的主要定位是深度学习的实践参考书，但也包含了对相关算法和技术的原理讲解。本书是将于 2025 年出版的《新一代人工智能：从深度学习到大模型》的配套用书。

本书各章节的源代码和实验数据集已对外公开，读者可通过本书的 GitHub 主页下载、自主练习。主页地址为：DLBook.github.io

本书的出版，得到了河南大学教材建设基金项目和河南大学研究生教育创新和质量提升工程项目的支持，在此致谢。

张重生

2023 年 12 月 1 日

[目录 CONTENTS]

第 1 章

张量运算及图像处理基础

本章主要内容：

- 张量的概念及张量运算。
- 图像处理的基础操作。

张量（Tensor）是深度学习中最基本的操作单元，图像是深度学习的主要处理对象。本章对张量的概念和常见操作以及图像处理的基础操作进行介绍。

1.1 张量与张量运算

1.1.1 张量的概念

张量对应的英文术语是"Tensor"。在 PyTorch 中，Tensor 是存储和变换数据的基本单元。深度学习中的计算和优化都是在 Tensor 的基础上完成的。

张量（Tensor）中的数据是多维数组。向量可以看作一维张量，二维矩阵可以看作是二维张量。张量和 NumPy 的多维数组（ndarray）非常类似，使用时也经常将两者相互转化。但除了存储数据之外，PyTorch 中的张量还可以进行 GPU 并行计算、卷积、激活、上下采样、梯度求导等操作，这是普通的多维数组所没有的功能。也正是因为张量的这些功能，使其在深度学习中得到了广泛应用。

首先了解张量的数据类型。在 PyTorch 中，根据不同的数据类型（如浮点数等），张量定义时分别有 8 种常用的数据类型，如表 1-1 所示。

表 1-1 张量的数据类型

数据类型	dtype	CPU tensor	GPU tensor
16 位浮点型	torch.float16	torch.HalfTensor	torch.cuda.HalfTensor
32 位浮点型	torch.float32	torch.FloatTensor	torch.cuda.FloatTensor
64 位浮点型	torch.float64	torch.DoubleTensor	torch.cuda.DoubleTensor

（续）

数据类型	dtype	CPU tensor	GPU tensor
8 位无符号整型	torch.uint8	torch.ByteTensor	torch.cuda.ByteTensor
8 位有符号整型	torch.int8	torch.CharTensor	torch.cuda.CharTensor
16 位无符号整型	torch.int16	torch.ShortTensor	torch.cuda.ShortTensor
32 位无符号整型	torch.int32	torch.IntTensor	torch.cuda.IntTensor
64 位无符号整型	torch.int64	torch.LongTensor	torch.cuda.LongTensor

1.1.2 张量的基本属性

张量的常用属性有 data、shape、dtype、device 等，下面分别介绍。首先生成一个张量：

```
import torch
x = torch.tensor([[1.0, 2.0, 3.0], [4.0, 5.0, 6.0]], dtype=torch.float32, requires_grad=True)
print(x)
输出：
tensor([[1., 2., 3.],
        [4., 5., 6.]], requires_grad=True)
```

对于上面的张量"x"，可以使用 data 属性查看张量中的多维数组的值：

```
print("x.data: \n", x.data)
输出：
x.data:
tensor([[1., 2., 3.],
        [4., 5., 6.]])
```

可以使用 shape 属性查看张量的形状：

```
print("x.shape: ", x.shape)
输出：
x.shape:    torch.Size([2, 3])
```

张量"x"的形状为 [2, 3]。除此之外，还可以使用 torch.Size() 函数查看张量的形状：

```
print("x.size(): ", x.size())
输出：
x.size():    torch.Size([2, 3])
```

使用 torch.reshape() 函数可以重塑张量的形状：

```
y = torch.arange(6)
print(y, y.shape)
```

```
y = y.reshape(2, 3)
print(y, y.shape)
```
输出：
```
tensor([0, 1, 2, 3, 4, 5])    torch.Size([6])
tensor([[0, 1, 2], [3, 4, 5]])    torch.Size([2, 3])
```

可以使用 dtype 属性查看张量的数据类型：
```
print("x.dtype: ", x.dtype)
```
输出：
```
x.dtype:    torch.float32
```

对于张量 "x"，requires_grad 的默认值为 False；若设置 requires_grad 为 True，则意味着该张量可以计算梯度，也就是可以完成反向传播。但只有张量的数据类型为浮点型时，requires_grad 参数才能设置为 True：
```
print("x.requires_grad: ", x.requires_grad)
```
输出：
```
x.requires_grad:    True
```

张量的 requires_grad 属性可以直接进行修改，也可以使用 torch.no_grad() 函数将张量的 requires_grad 属性临时设置为 False：
```
x.requires_grad = False
print("x.requires_grad: ", x.requires_grad)
```
输出：
```
x.requires_grad:    False
```

张量的常用属性及用法，如表 1-2 所示。

表 1-2　张量的常用属性及用法

属　　性	用　　法
data	查看张量中的数据
shape 或 size()	查看张量的形状
dtype	查看张量中数据的数据类型
requires_grad	是否计算梯度
device	张量所在设备
is_cuda	判断张量是否在 GPU 上，在时为 True
grad	张量梯度
grad_fn	张量计算过程

1.1.3 张量生成

在 PyTorch 中有许多种方式可以生成一个张量，包括直接生成、依据数值生成或随机生成指定大小的张量。

1. 直接生成

在 PyTorch 中，可以使用 torch.tensor(data) 函数构造张量，其中 data 可以是列表（List）、元组（Tuple）或 Numpy 等数据类型：

```
import torch
tensor1 = torch.tensor([[1, 2], [3, 4]])
print(tensor1)
输出：
tensor([[1, 2],
        [3, 4]])
```

在使用 torch.tensor() 构造张量时，可以使用 dtype 参数指定张量的数据类型，使用 requires_grad 参数指定张量是否需要计算梯度，requires_grad 参数默认为 False。使用 tensor.dtype 可以查看张量的数据类型：

```
tensor2 = torch.tensor([[1, 2], [3, 4]], dtype=torch.float32, requires_grad=True)
print(tensor2, tensor2.dtype)
输出：
tensor([[1., 2.],
        [3., 4.]], requires_grad=True)    torch.float32
```

另一种直接生成张量的函数是 torch.Tensor()，用于生成 torch.float32 类型的张量：

```
tensor3 = torch.Tensor([[1, 2], [3, 4]])
print(tensor3, tensor3.dtype)
输出：
tensor([[1., 2.],
        [3., 4.]])    torch.float32
```

张量也可以由 Numpy 数组通过 torch.from_numpy() 函数转化生成：

```
import numpy as np
arr = np.array([[1, 2], [3, 4]])
print(arr, type(arr))
tensor4 = torch.from_numpy(arr)
print(tensor4, type(tensor4))
```

输出：

[[1 2]

　[3 4]]　　<class 'numpy.ndarray'>

tensor([[1, 2],

　　　　[3, 4]], dtype=torch.int32)　　<class 'torch.Tensor'>

对于 torch 生成的张量，使用 torch.numpy() 函数即可转化为 Numpy 的数组：

```
arr_t = tensor4.numpy()
print(arr_t, type(arr_t))
```

输出：

[[1 2]

　[3 4]]　　<class 'numpy.ndarray'>

2. 特殊张量生成

在 torch 中，定义了一些可生成特殊张量的函数。例如，使用 torch.zeros(size) 函数可以生成一个指定 size 大小的张量，该张量的值全为 0：

```
tensor5 = torch.zeros(3, 3)
print(tensor5)
```

输出：

tensor([[0., 0., 0.],

　　　　[0., 0., 0.],

　　　　[0., 0., 0.]])

使用 torch.zeros_like(Tensor) 函数可以生成一个与指定 Tensor 的大小相同的张量，该张量的值全为 0：

```
#生成一个和tensor1形状相同，值全为0的张量
tensor6 = torch.zeros_like(tensor1)
print(tensor6)
```

输出：

tensor([[0, 0],

　　　　[0, 0]])

特殊张量生成函数，如表 1-3 所示。

表 1-3　特殊张量生成函数

函　　数	用　　法
torch.zeros(3,3)	生成 3×3 的全 0 张量
torch.ones(3,3)	生成 3×3 的全 1 张量

（续）

函　数	用　法
torch.ones_like(Tensor)	按照 Tensor 的形状生成全 1 张量
torch.full((3,3), fill_value=6)	生成 3×3 且值全为 6 的张量
torch.full_like(Tensor, fill_value=6)	按照 Tensor 的形状生成值全为 6 的张量
torch.eyes(3)	生成 3×3 的张量，对角线上值为 1，其他地方为 0

在 torch 中还有一些生成一维张量的函数。例如，使用 torch.arange(start, end, step) 函数生成指定长度的一维张量，其中，参数 start 代表开始，end 代表结束，step 代表步长。注意：参数 end 代表的数值是取不到的，该函数的作用区间是 [start, end)；当传入一个参数时，start 默认为 0，step 默认为 1。

```
# 在 [0, 7) 范围内以步长为 1 生成张量
tensor7 = torch.arange(start=0, end=7, step=1)
print(tensor7)
输出：
tensor([0, 1, 2, 3, 4, 5, 6])
```

torch.linspace(start, end, steps) 函数的作用是在 [start, end] 范围内找到 steps 个等间隔的点值，并使用这些值生成一维张量：

```
tensor8 = torch.linspace(start=0, end=10, steps=5)
print(tensor8)
输出：
tensor([0.0000, 2.5000, 5.0000, 7.5000, 10.0000])
```

3. 随机生成

在 torch 中还可以通过随机数来生成张量，并且可以指定生成随机数的分布函数。例如，可使用 torch.rand(size) 函数从区间 (0, 1) 的均匀分布中抽取一组随机数，生成指定形状的张量：

```
# 随机生成一个 3×3 的张量
tensor10 = torch.rand(3,3)
print(tensor10)
输出：
tensor([[0.0444, 0.8030, 0.4940],
        [0.2731, 0.5092, 0.3412],
        [0.5027, 0.5490, 0.2201]])
```

使用 torch.randint(start, end, size) 函数，可以利用从区间 [start, end) 的均匀分布中抽取一组随机整数，生成指定形状的张量：

```
#随机生成一个 3×3 的张量，取值范围为 [0, 6) 内的整数
tensor11 = torch.randint(0, 6, (3,3))
print(tensor11)
输出：
tensor([[3, 5, 0],
        [0, 1, 1],
        [4, 5, 3]])
```

torch.normal(mean, std) 函数，从给定均值和标准差的正态分布中随机取值，得到一个张量的值：

```
#通过指定的均值和标准差生成随机数
tensor12 = torch.normal(mean=torch.tensor(0.0), std=torch.tensor(1.0))
print(tensor12)
输出：
tensor(0.1915)
```

当 torch.normal() 函数的 mean 参数和 std 参数都只有一个值时，生成的张量只有一个随机数；当 mean 参数或 std 参数有多个值时，则可生成多个随机数：

```
#生成服从分布均值全为 0，分布标准差分别为 1、2、3、4 的随机数
stds = torch.arange(1.0, 5.0)
tensor13 = torch.normal(mean=torch.tensor(0.0), std=stds)
print(tensor13)
输出：
tensor([-0.9223, -0.9236, -1.9409, 1.4265])
```

torch.randn(size) 的取值范围服从均值为 0、标准差为 1 的正态分布，生成指定形状的张量：

```
#生成服从（0，1）正态分布的随机数
tensor14 = torch.randn(3,3)
print(tensor14)
输出：
tensor([[ 1.1503,   1.2304,   1.1904],
        [ 0.1970,   1.0583,   0.7995],
        [-1.0981,   0.7100, -0.6828]])
```

1.1.4　张量维度和索引

张量的阶数被称作维度，有时也被称作张量的轴（axis）。零维张量即标量，如 torch.

tensor(0.1)；一维张量即向量，例如 torch.tensor([1, 2, 3])；二维张量即二维矩阵，有行和列
两个维度（轴）。

```
# 构造零维张量
tensor_z = torch.tensor(0.1)
# 输出张量及其维度数
print(tensor_z, tensor_z.ndim)
输出：
tensor(0.1000)    0

# 构造一维张量
tensor_o = torch.rand(3)
print(tensor_o, tensor_o.ndim)
输出：
tensor([0.9308, 0.4460, 0.4827])    1

# 构造二维张量
tensor_t = torch.rand(2, 3)
print(tensor_t, tensor_t.ndim)
输出：
tensor([[0.6585, 0.2759, 0.9414],
        [0.2586, 0.8189, 0.5519]])    2

# 构造三维张量
tensor_s = torch.rand(2, 3, 4)
print(tensor_s, tensor_s.ndim)
输出：
tensor([[[0.8378, 0.7047, 0.7376, 0.2458],
         [0.3973, 0.9366, 0.7385, 0.2007],
         [0.5881, 0.1320, 0.0017, 0.5088]],

        [[0.9678, 0.0188, 0.2480, 0.9016],
         [0.9253, 0.5414, 0.7157, 0.7978],
         [0.0831, 0.5335, 0.3771, 0.6464]]])    3
```

张量在行和列的基础上再增加一个维度，就构成了三维张量，如上代码所示。常见的
RGB 彩色图像就是以三维张量的形式存储的。

注意区分张量的形状（shape）和维度（dim）。如：张量 tensor_t 是一个 2 行 3 列的
矩阵，其维度等于 2（二维矩阵），而 shape 为（2，3）。

使用 torch.unsqueeze(input, dim) 可以对数据的维度进行扩充，在指定位置加上维数（分量个数）为 1 的维度，输入张量与返回张量共享内存：

```
t = torch.tensor([[1.0, 2.0, 3.0],
                   [4.0, 5.0, 6.0]])
print("t.ndim: ", t.ndim)
print("t.shape: ", t.shape)
输出：
t.ndim:   2
t.shape:   torch.Size([2, 3])


#对张量 t 在 0 维度添加维数为 1 的维度
t_uns = torch.unsqueeze(t, dim=0)
print(t_uns)
print("t_uns.ndim: ", t_uns.ndim)
print("t_uns.shape: ", t_uns.shape)
输出：
tensor([[[1., 2., 3.],
         [4., 5., 6.]]])
t_uns.ndim:   3
t_uns.shape:   torch.Size([1, 2, 3])
```

使用 torch.squeeze(input) 可以对数据的维度进行压缩，去除数据中维数为 1 的维度，输入张量与返回张量共享内存：

```
#去除维数为 1 的维度
t_s1 = torch.squeeze(t_uns)
print("t_s1.ndim: ", t_s1.ndim)
print("t_s1.shape: ", t_s1.shape)
输出：
t_s1.ndim:   2
t_s1.shape:   torch.Size([2, 3])
```

可以看到，torch.squeeze() 函数将 t_uns 中的第 0 维去除了，t_s1 张量的维度等于 2。

使用 torch.cat() 函数可以在指定的维度上对输入的张量序列进行连接操作：

```
t1 = torch.arange(6).reshape(2, 3)
t2 = torch.arange(6, 12).reshape(2, 3)
t3 = torch.cat((t1,t2), dim=0)
print(t3)
输出：
```

```
tensor([[ 0,  1,  2],
        [ 3,  4,  5],
        [ 6,  7,  8],
        [ 9, 10, 11]])

t4 = torch.cat((t1,t2), dim=1)
print(t4)
```
输出：
```
tensor([[ 0,  1,  2,  6,  7,  8],
        [ 3,  4,  5,  9, 10, 11]])
```

作为 PyTorch 中的基本数据类型，张量也是一种有序序列，可以根据每个元素在系统内的顺序对元素的位置进行"编号"，以找出所需的元素，这就是索引。例如：

```
tp = torch.arange(24).reshape(2, 3, 4)   # 构造一个新张量
print(tp)
```
输出：
```
tensor([[[0, 1, 2, 3],
         [4, 5, 6, 7],
         [8, 9, 10, 11]],

        [[12, 13, 14, 15],
         [16, 17, 18, 19],
         [20, 21, 22, 23]]])
```

```
# 获取第 0 维度下第 2 个矩阵的第 1 行第 1 列的元素
print(tp[1, 0, 0])
```
输出：
```
tensor(12)
```

使用 ":" 符号可以完成对张量的切片，直接获取张量的多个元素，例如：

```
# 输出第 0 维度下第 1 个矩阵的元素
print(tp[0])   # 等同于 tp[0, :, :]
```
输出：
```
tensor([[ 0,  1,  2,  3],
        [ 4,  5,  6,  7],
        [ 8,  9, 10, 11]])
```

```
# 输出第 0 维度下第 1 个矩阵前两行元素
print(tp[0, 0:2])   # 等同于 tp[0, 0:2, :]
```

输出：
tensor([[0, 1, 2, 3],
　　　　[4, 5, 6, 7]])

 # 输出第 0 维度下第 1 个矩阵前两行中的前两列元素
print(tp[0, 0:2, 0:2])
输出：
tensor([[0, 1],
　　　　[4, 5]])

表 1-4 中还列举了其他的索引操作函数。

表 1- 4　张量的其他索引操作函数

函　　数	用　　法
torch.masked_select(input, mask)	根据掩码张量 mask 中的二元值，取输入张量中的指定项，将取值返回到一个新的一维张量
torch.nonzero(input)	返回包含输入（input）中非零元素索引的张量
torch.split(input, split_size, dim)	将张量沿给定维度分割成大小相等的块
torch.chunk(input, chunks, dim)	在给定维度上将输入的张量分割成指定数量的块

1.1.5　张量之间的运算

张量（Tensor）可以进行逐元素间的加减乘除等数学运算，也可以进行矩阵相乘、矩阵转置等运算。下面介绍几种常用的元素间运算。

矩阵与矩阵间的逐元素运算：

```
tensor1 = torch.arange(6.0).reshape(2,3)
tensor2 = torch.arange(6.0, 12.0).reshape(2, 3)
print(tensor1)
print(tensor2)
输出：
tensor([[0., 1., 2.],
        [3., 4., 5.]])
tensor([[ 6.,  7.,  8.],
        [ 9., 10., 11.]])

tensor3 = tensor1 + tensor2 # 逐元素相加
print(tensor3)
```

输出：
```
tensor([[ 6.,   8., 10.],
        [12., 14., 16.]])
```

```
tensor4 = tensor2 - tensor1 # 逐元素相减
print(tensor4)
```
输出：
```
tensor([[6., 6., 6.],
        [6., 6., 6.]])
```

```
tensor5 = tensor1 * tensor2 # 逐元素相乘
print(tensor5)
```
输出：
```
tensor([[ 0.,   7., 16.],
        [27., 40., 55.]])
```

```
tensor6 = tensor2 / tensor1 # 逐元素相除
print(tensor6)
```
输出：
```
tensor([[    inf, 7.0000, 4.0000],
        [3.0000, 2.5000, 2.2000]])
```

```
tensor7 = tensor2 // tensor1 # 逐元素整除
print(tensor7)
```
输出：
```
tensor([[inf, 7., 4.],
        [3., 2., 2.]])
```

矩阵与标量之间的运算：

```
print(tensor1 + 2) # 逐元素加 2
```
输出：
```
tensor([[2., 3., 4.],
        [5., 6., 7.]])
```

```
print(tensor1 - 2) # 逐元素减 2
```
输出：
```
tensor([[-2., -1.,   0.],
        [ 1.,   2.,   3.]])
```

```
print(tensor1 / 2) # 逐元素除以 2
```

输出：
tensor([[0.0000, 0.5000, 1.0000],
　　　　[1.5000, 2.0000, 2.5000]])

print(tensor1 * 2) # 逐元素乘 2
输出：
tensor([[0.,　2.,　4.],
　　　　[6.,　8., 10.]])

print(tensor1 // 2) # 逐元素整除 2
输出：
tensor([[0., 0., 1.],
　　　　[1., 2., 2.]])

print(tensor1 ** 2) # 计算张量的幂
输出：
tensor([[0.,　1.,　4.],
　　　　[9., 16., 25.]])

张量的幂也可以使用 torch.pow() 函数计算：

```
tensor8 = torch.pow(tensor1, 2) # 计算张量的幂
print(tensor8)
```
输出：
tensor([[0.,　1.,　4.],
　　　　[9., 16., 25.]])


```
tensor9 = torch.exp(tensor1) # 计算自然数的幂次方，指数分别为张量中的元素
print(tensor9)
```
输出：
tensor([[　1.0000,　　2.7183,　　7.3891],
　　　　[20.0855,　54.5981, 148.4132]])

其他常见的矩阵运算如下所示：

```
tensor10 = torch.t(tensor1) # 取矩阵的转置
print(tensor10)
```
输出：
tensor([[0., 3.],
　　　　[1., 4.],
　　　　[2., 5.]])

```
x = torch.tensor([[1.,0.,0.],[2.,-1.,0.],[2.,1.,1.]])
tensor11 = torch.inverse(x) #取矩阵的逆
print(tensor11)
输出：
tensor([[ 1.,   0.,   0.],
        [ 2., -1.,   0.],
        [-4.,   1.,   1.]])


tensor12 = torch.mm(tensor1, x) #矩阵乘法
print(tensor12)
输出：
tensor([[ 6.,   1.,   2.],
        [21.,   1.,   5.]])
```

常见的张量运算函数，如表 1-5 所示。

表 1-5　常见的张量运算函数

函　　数	用　　法
torch.add(tensor, other)	tensor 与 other 逐元素（按位）相加，other 可为数字或张量
torch.div(tensor, other)	tensor 与 other 逐元素（按位）相除，other 可为数字或张量
torch.mul(tensor,other)	tensor 与 other 逐元素（按位）相乘，other 可为数字或张量
torch.mv(matric, vector)	矩阵（matric）与向量（vector）相乘
torch.matmul(mat1,mat2)	矩阵相乘
torch.round(tensor)	将 tensor 每个元素四舍五入到最近的整数
torch.log(tensor)	计算 tensor 的自然对数
torch.floor(tensor)	对 tensor 每个元素向下取整，即不大于元素的最大整数
torch.ceil(tensor)	对 tensor 每个元素向上取整，即不小于元素的最小整数
torch.mean(tensor, dim)	返回 tensor 给定维度上的每行的均值；如果不使用 dim 参数，则返回 tensor 所有元素的均值
torch.sum(tensor)	返回 tensor 所有元素的和

1.2　图像处理的基础操作

Python 中的 PIL（Python Image Library）包提供了多种图像处理功能，支持打开图像文件、调整图像大小、裁剪等简单操作。图像处理通常使用笛卡尔像素坐标系统，坐标 (0, 0) 位于左上角，如图 1-1 所示。

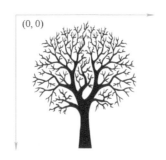

(0, 0)

图 1-1　图像的笛卡尔像素坐标

1.2.1　PIL 图像处理包简介

和其他 Python 包一样，PIL 包可以使用 pip 进行安装，或者在 PyCharm 程序中搜索安装。使用 pip 指令安装 PIL 包的命令如下：

```
pip install pillow
```

当使用 PIL 包时，需要先进行导入。Image 类是 PIL 包中的核心类，通常使用该类的方法来对图像进行一些简单的处理。Image 类可以通过导入 PIL 包，以 PIL.Image 的格式来使用，也可以直接导入 PIL 包中的 Image 类来使用，导入语句如下：

```
import PIL                       #导入 PIL 包
from PIL import Image            #直接导入 PIL 包中的 Image 类
```

1.2.2　常见的图像处理操作

Lena 图像是数字图像处理的常用示例图像，如图 1-2 所示。下面以 Lena 图像为例，介绍 PIL 包中的图像处理方法。

图 1-2　Lena 图像

1. 读取图像

Image 类中提供了指定路径图像的读取、写入和展示方法，分别是 Image.open()、image.save() 以及 image.show()。使用的方法如下：

```
image = Image.open("./Lena.jpg")
```

上述代码将项目目录下的 Lena 图读取出来，并赋给变量 image。image 变量的常见属性有 format、mode、size、palette，分别表示图像的格式（或来源）、色彩模式、高宽以及调色板属性，例如：

```
print(image.format) # 输出：JPEG
print(image.mode) # 输出：RGB
```

如果想要通过 image 查看图像，可以使用 image.show() 方法：

```
image.show()
```

还可以使用 matplotlib.pyplot 包在 Pycharm 程序内对图像进行展示，方法如下：

```
import matplotlib.pyplot as plt
plt.imshow(image)
plt.show()
```

如果要将该图像保存到指定位置，则可以用 image.save() 方法。例如，将 image 图像以 test 命名保存到当前项目目录下：

```
image.save("./test.jpg")
```

2. 图像色彩处理

使用 image.convert() 方法可以改变图像的色彩模式，"L"表示灰度图像，"1"表示二值图像，"RGB"表示 RGB 彩色图像。Lena 图就是标准的 RGB 彩色图像。

```
# 将彩色 Lena 图转换为灰度图像
img_gray = image.convert('L')
img_gray.show()
```

如图 1-3 所示，将 RGB 图像转换为灰度图像和二值图像：

```
# 将彩色 Lena 图转换为二值图像
img_binary = image.convert('1')
img_binary.show()
```

通过图像的 mode 属性可以查看图像的色彩模式：

```
print(image.mode) # 输出：RGB
print(img_binary.mode) # 输出：1
print(img_gray.mode) # 输出：L
```

图 1-3　从 RGB 图像转换为灰度图像

3. 图像几何变换

通过 Image 类，还可以对图像进行一些简单的几何变换。例如，通过 image.resize() 方法可以重新设置图像的尺寸：

```
#将图像缩放到原尺寸的一半大小，原图尺寸为 256×256 像素
image_r = image.resize((128,128))
print(image_r.size) # 输出：(128, 128)
```

图像缩放效果对比如图 1-4 所示。

图 1-4　图像缩放效果

通过 image.crop() 方法可以对图像进行裁剪，裁剪的范围是左上角坐标和右下角坐标框定的范围：

```
#裁剪 (60,60) 至 (200,200) 框定的区域
image_c = image.crop((60,60,200,200))
image_c.show()
```

图像裁剪效果如图 1-5 所示。

使用 image.rotate() 方法可以对图像在平面上进行任意角度的旋转：

```
#将图像旋转 90 度
image_ro = image.rotate(90)
image_ro.show()
```

图像旋转效果如图 1-6 所示。

图 1-5　图像裁剪效果

图 1-6　图像旋转效果

使用 image.transpose() 方法还可以对图像进行左右翻转或者上下翻转。其中，Image.FLIP_LEFT_RIGHT（也可用 0 表示）表示左右翻转，Image.FLIP_TOP_BOTTOM（也可用 1 表示）表示上下翻转。

```
#上下翻转图像
image_t = image.transpose(Image.FLIP_TOP_BOTTOM)
image_t.show()
```

图像翻转效果如图 1-7 所示。

图 1-7　图像翻转效果

表 1-6 中列举了其他常见的图像处理方法。

表 1-6　图像处理方法

名　　称	作　　用
Image.new(mode, size, color)	新建一幅图像
Image.copy()	复制图像
Image.paste(im, box, mask)	粘贴图像
Image.split(im)	将图像分割成单独的波段

4. 图像效果变换

PIL 包的 ImageFilter 类是图像过滤器类，提供了一组预定义图像增强过滤器。这些过滤器可与 Image.filter() 方法一起使用，得到图像的模糊、锐化、轮廓等效果。例如，ImageFilter.BLUR 过滤器可以对给定的图像施加模糊效果：

```
from PIL import ImageFilter
# 模糊
img_filter = image.filter(ImageFilter.BLUR)
img_filter.show()
```

图像模糊效果如图 1-8 所示。

图 1-8　图像模糊效果

表 1-7 列举了其他 ImageFilter 预定义的过滤器及其作用。

表 1-7　ImageFilter 过滤器及其作用

名　　称	作　　用
ImageFilter.CONTOUR	图像的轮廓效果
ImageFilter.EMBOSS	图像的浮雕效果
ImageFilter.DETAIL	图像的细节效果
ImageFilter.EDGE_ENHANCE	图像的边界加强效果

（续）

名　　称	作　　用
ImageFilter.EDGE_ENHANCE_MORE	图像的阈值边界加强效果
ImageFilter.SMOOTHL	图像的平滑效果
ImageFilter.FIND_EDGES	图像的边界效果
ImageFilter.SMOOTH_MORE	图像的阈值平滑效果
ImageFilter.SHARPEN	图像的锐化效果

PIL 包的 ImageEnhance 类提供了一组图像质量增强和滤镜方法。通过 ImageEnhance.enhance(factor) 方法，可以将被选属性增强 factor 倍。例如，ImageEnhance.Brightness() 方法可以调整图像的亮度：

```
from PIL import ImageEnhance
# 将图像亮度提高 2 倍
img_enhance = ImageEnhance.Brightness(image).enhance(2)
img_enhance.show()
```

图像亮度调整效果如图 1-9 所示。

图 1-9　图像亮度调整效果

表 1-8 中列举了其他的 ImageEnhance 提供的图像增强方法。

表 1-8　ImageEnhance 图像增强方法

名　　称	作　　用
ImageEnhance.Contrast(im)	调整图像 im 的对比度
ImageEnhance.Color(im)	调整图像 im 的颜色平衡
ImageEnhance.Sharpness(im)	调整图像 im 的锐度

第 2 章

深度学习编程基础

本章主要内容:

- 卷积神经网络的基本概念和常用函数。
- PyTorch 的数据加载与处理方法。
- 损失函数。
- 优化器。
- 模型训练。

2.1 卷积神经网络的基本概念和常用函数

2.1.1 卷积层

卷积层是卷积神经网络的核心构件,其功能是对输入数据进行特征提取。每次卷积,可以使用一个或多个卷积核。图 2-1 是一个卷积核对输入的二维数据进行卷积运算的示例。

图 2-1 二维数据的卷积运算示例

在卷积过程中,使用 2×2 的滑动窗口,按照从左到右、从上到下的顺序在输入数据上进行滑动,每次滑动时,将输入数据在当前窗口中的子矩阵与卷积核中的矩阵进行点乘。最终,3×3 的输入数据,卷积后,得到 2×2 大小的特征输出。

对于多维数据,卷积运算时需要使用多维卷积核,卷积核的维度与输入数据的通道数

21

相同。相当于对多维数据的每个通道，使用多维卷积核中的一个二维卷积核进行二维卷积运算，然后，再将各通道上的二维卷积结果相加，得到最终的输出，如图 2-2 所示。

torch.nn 模块中含有一维卷积、二维卷积、三维卷积和转置卷积等常用的卷积操作。例如，二维卷积可以使用 torch.nn.Conv2d() 进行运算。表 2-1 给出了常用的卷积运算函数。

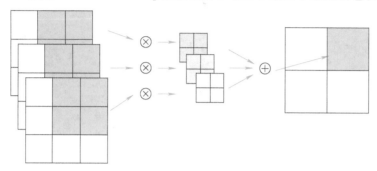

图 2-2　多维数据的卷积运算示例

表 2-1　常用的卷积运算函数

torch.nn.Conv1d()	一维卷积
torch.nn.Conv2d()	二维卷积
torch.nn.Conv3d()	三维卷积
torch.nn.ConvTranspose1d()	一维转置卷积，上采样
torch.nn.ConvTranspose2d()	二维转置卷积，上采样
torch.nn.ConvTranspose3d()	三维转置卷积，上采样

以二维卷积为例，代码如下所示：

```
#二维卷积
torch.nn.Conv2d(in_channels, out_channels, kernel_size, stride, padding, dilation, bias)
```

其中，"in_channels"（整数）代表输入数据的通道数；"out_channels"（整数）代表卷积运算后输出数据的通道数，该参数也等于卷积核的数量；"kernel_size"（整数或数组）代表卷积核的尺寸；"stride"代表卷积运算的步长，默认为 1；"padding"代表在输入数据的四周补零的圈数，默认为 0；"dilation"（整数或数组）参数可调整空洞卷积的空洞大小，默认为 1；"bias"（布尔值）代表是否使用偏置，默认为 True（使用）。

使用 torch.nn.Conv2d() 进行常见的二维卷积时，输入数据的形状为 $(N, C_{in}, H_{in}, W_{in})$，卷积计算后的输出形状为 $(N, C_{out}, H_{out}, W_{out})$。其中，$C_{in}$ 代表输入数据的通道数，H_{in} 代表输入数据的高度，W_{in} 代表输入数据的宽度，C_{out}、H_{out}、W_{out} 含义类推，具体的计算公式如下：

$$H_{out} = \left\lfloor \frac{H_{in} + 2 \times \text{padding}[0] - \text{kernel\_size}[0]}{\text{stride}[0]} \right\rfloor + 1 \qquad (2\text{-}1)$$

$$W_{out} = \left\lfloor \frac{W_{in} + 2 \times padding[1] - kernel\_size[1]}{stride[1]} \right\rfloor + 1 \tag{2-2}$$

2.1.2 池化层

池化层对输入数据进行池化操作，缩小特征尺寸。

例如，滑动窗口大小为（2，2），步长为 2 的最大池化每次在 2×2 大小的滑动窗口范围内取最大像素值，滑动窗口每次移动两个像素，如图 2-3 所示。

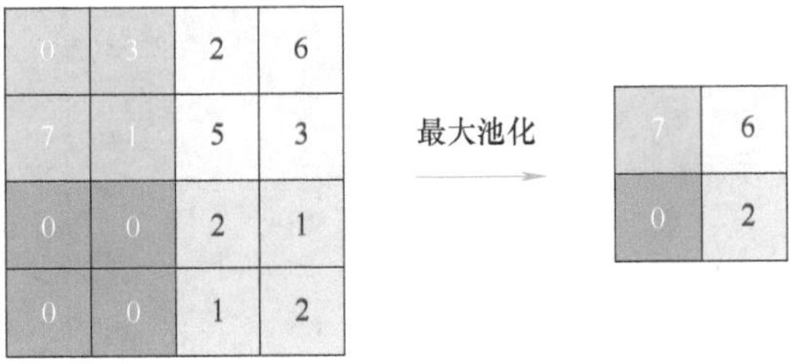

图 2-3 最大池化过程示意图

PyTorch 提供了多种池化操作的方法，如表 2-2 所示。

表 2-2 PyTorch 中常用池化操作方法

torch.nn.MaxPool1d()	对输入数据进行一维最大池化
torch.nn.MaxPool2d()	对输入数据进行二维最大池化
torch.nn.MaxPool3d()	对输入数据进行三维最大池化
torch.nn.AvgPool1d()	对输入数据进行一维平均池化
torch.nn.AvgPool2d()	对输入数据进行二维平均池化
torch.nn.AvgPool3d()	对输入数据进行三维平均池化

以 torch.nn.MaxPool2d() 为例，用法如下：

```
torch.nn.MaxPool2d(kernel_size, stride=1, padding=0)
```

其中，"kernel_size" 代表卷积核的尺寸 / 池化窗口的尺寸；"stride" 代表滑动窗口每次移动的步长，默认为 1；"padding" 代表在输入数据的四周补零的圈数，默认为 0。

2.1.3 全连接层

PyTorch 使用 torch.nn.Linear() 函数实现全连接操作：

```
#全连接
torch.nn.Linear(in_features, out_features, bias)
```

其中，"in_features"代表前一层全连接层中的神经元数量；"out_features"代表下一层全连接层中的神经元数量；"bias"代表是否使用偏置，默认值为 True（使用偏置）。

2.1.4　激活函数

PyTorch 提供了常用的激活函数，封装在 torch.nn 模块中。

1. Sigmoid 激活函数

Sigmoid 激活函数也称作 Logistic 激活函数。在代码中使用 torch.nn.Sigmoid() 语句即可调用 Sigmoid 激活函数。Sigmoid 激活函数的计算如下：

$$f(x) = \frac{1}{1 + e^{-x}} \tag{2-3}$$

Sigmoid 激活函数的输出区间为（0，1），该函数将输入映射到 0 ～ 1 之间，输出范围稳定，常用于二分类任务。

2. ReLU 激活函数

ReLU 激活函数又称为修正线性单元。在 PyTorch 中使用 torch.nn.ReLU() 语句即可使用 ReLU 激活函数。ReLU 激活函数的计算如下：

$$f(x) = \max(0, x) \tag{2-4}$$

ReLU 函数是单侧抑制的分段线性函数，将输入数据中的负值置为 0，而正值保持不变。

PyTorch 中常用激活函数如表 2-3 所示。

表 2-3　PyTorch 中常用激活函数

torch.nn.Sigmoid()	Sigmoid 激活函数
torch.nn.ReLU()	ReLU 激活函数
torch.nn.LeakyReLU()	LeakyReLU 激活函数
torch.nn.Softmax()	Softmax 激活函数
torch.nn.Tanh()	Tanh 激活函数
torch.nn.Softplus()	ReLU 激活函数的近似平滑

2.1.5　PyTorch 中的神经网络结构 / 模型构建方法

基于上述的卷积操作函数、池化操作函数、激活函数和全连接函数，就可以构建出所需要的卷积神经网络模型。设计新的神经网络模型时，需要重写 torch.nn.Module 类的 __init__() 方法和 forward() 方法。__init__() 方法的作用是初始化神经网络模型，定义神经网络模型的组成部分（卷积层、池化层、全连接层等）；而 forward() 方法用于定义神经网络模型的前向传播过程。

以下列代码为例，创建一个简单的卷积神经网络：

```python
from torch import nn

class Net(nn.Module):
    #初始化
    def __init__(self):
        super(Net, self).__init__()
        self.conv1 = nn.Conv2d(in_channels=1, out_channels=16, kernel_size=5, stride=1, padding=2)
        self.relu1 = nn.ReLU()
        self.max_pool1 = nn.MaxPool2d(kernel_size=2, stride=2, padding=0)
        self.conv2 = nn.Conv2d(in_channels=16, out_channels=8, kernel_size=3, stride=1, padding=0)
        self.relu2 = nn.ReLU()
        self.max_pool2 = nn.MaxPool2d(kernel_size=2, stride=2, padding=0)
        self.linear = nn.Linear(in_features=288, out_features=10, bias=True)

    #定义前向计算过程
    def forward(self,x):
        #假设输入的样本大小为 [N, 1, 28, 28]
        #输出大小 [N, 16, 28, 28]
        x = self.conv1(x)
        x = self.relu1(x)
        #输出大小 [N, 16, 14, 14]
        x= self.max_pool1(x)
        #输出大小 [N, 8, 12, 12]
        x = self.conv2(x)
        x = self.relu2(x)
        #输出大小 [N, 8, 6, 6]
        x = self.max_pool2(x)
        #将特征展平，变为 [N, 8*6*6]，即 [N, 288]
        x = x.view(x.shape[0],-1)
        #输出大小 [N, 10]
        x = self.linear(x)
        return x
```

```
net = Net()
print(net)
```

该神经网络的结构为：

```
Net(
    (conv1): Conv2d(1, 16, kernel_size=(5, 5), stride=(1, 1), padding=(2, 2))
    (relu1): ReLU()
    (max_pool1): MaxPool2d(kernel_size=2, stride=2, padding=0, dilation=1, ceil_mode=False)
    (conv2): Conv2d(16, 8, kernel_size=(3, 3), stride=(1, 1))
    (relu2): ReLU()
    (max_pool2): MaxPool2d(kernel_size=2, stride=2, padding=0, dilation=1, ceil_mode=False)
    (linear): Linear(in_features=288, out_features=10, bias=True)
)
```

假设构造一个 batch size 为 2，通道为 1，高和宽为 28 的输入样本，该输入的形状为 [2, 1, 28, 28]，则该网络的输出样本的形状为 [2, 10]，其中的 2 表示 N，即样本数量：

```
# 构造一个假设的输入样本
x = torch.randn(2, 1, 28, 28)
y = net(x)
print(y.shape) # 输出为：torch.Size([2, 10])
```

2.2 PyTorch 中的数据处理操作

数据是深度神经网络模型训练的基础，数据处理是深度学习模型训练的第一步工作。

2.2.1 PyTorch 自带的数据集使用

在深度学习中，常用的数据集有手写数字数据集 MNIST、小图像分类数据集 CIFAR10 和 CIFAR100、人脸表情数据集 JAFFE，以及 Pascal VOC 数据集，而 COCO 和 ImageNet 数据集是两个超大规模的数据集。

以 MNIST 数据集为例，该数据集由手写数字图像构成。训练集有 60000 幅图像，测试集有 10000 幅图像。每幅 MNIST 图像是 28×28 像素的灰度图像，包含一个手写数字，图像的标签为 0～9 之间的某个数字。

在 torchvision 包的 datasets 模块，有多个 PyTorch 自带的数据集可供使用。以手写数字数据集 MNIST 为例，使用方法如下：

```python
# 使用 torchvision.datasets 包下的 MNIST 数据集类
from torchvision.datasets import MNIST
from torchvision import transforms
from torch.utils.data import DataLoader

# 定义图像预处理操作
transform = transforms.Compose([
    transforms.Resize(32),
    transforms.RandomHorizontalFlip(0.5),
    transforms.ToTensor()
])
train_dataset = MNIST(
    root='./data', # 数据集的存放或下载地址
    transform=transform, # 数据预处理
    train=True, # 是否为训练集
    download=True # 是否下载，如果上述地址已存在于该数据集中则不下载
)
test_dataset = MNIST(
    root='./data',
    transform=transform,
    train=True,
    download=True
)
# 将预处理好的数据集变为可迭代对象，每次使用一个 batch 数量的数据
train_loader = DataLoader(
    dataset=train_dataset, # 数据集
    batch_size=16, # batch 大小
    shuffle=True # 是否打乱顺序后取出
)
test_loader = DataLoader(
    dataset=test_dataset,
    batch_size=16,
    shuffle=False
)
```

训练网络模型时，使用 train_loader 或 test_loader，每次可取出一个 batch 大小的数据。

```python
# 查看预处理后的一个 MNIST 数据及其标签
print(train_dataset[0])
```

```
# 查看预处理后的一个 MNIST 数据的形状
print(train_dataset[0][0].shape)
输出：
(tensor([[[0., 0., 0.,   ..., 0., 0., 0.],
         [0., 0., 0.,   ..., 0., 0., 0.],
         [0., 0., 0.,   ..., 0., 0., 0.],
         ...,
         [0., 0., 0.,   ..., 0., 0., 0.],
         [0., 0., 0.,   ..., 0., 0., 0.],
         [0., 0., 0.,   ..., 0., 0., 0.]]]), 5)
torch.Size([1, 32, 32])


# 得到一个 batch 数量的 MNIST 数据及其对应的标签
batch_data, batch_label = next(iter(train_loader))
# 查看一个 batch 数据的形状
print(batch_data.shape)
# 查看一个 batch 数据对应的标签的形状
print(batch_label.shape)
输出：
torch.Size([16, 1, 32, 32])
torch.Size([16])
```

一个 batch 的形状（shape）为 [N, C, H, W]，其中"N"为 batch size，"C"为通道数，"H"和"W"为高度和宽度。假定训练集的 batch_size 设置为 16，所以"N"等于 16；因为 MNIST 数据集中的图像均为单通道灰度图，所以"C"等于 1；在图像预处理时，将图像的尺寸调整（Resize）为 32×32，所以这里的"W"和"H"等于 32。

使用以下代码可以将 train_loader 中一个 batch 的数据进行可视化：

```
import matplotlib.pyplot as plt
# 得到一个 batch 数量的 MNIST 数据及其对应的标签
batch_data, batch_label = next(iter(train_loader))
fig = plt.figure()
for i in range(6):
    plt.subplot(2, 3, i+1)
    plt.imshow(batch_data[i][0], cmap='gray')
    plt.title("Label: {}".format(batch_label[i]))
plt.show()
```

结果如图 2-4 所示。可以注意到，右下角标签值为 7 的图像数据经过了水平翻转处理。

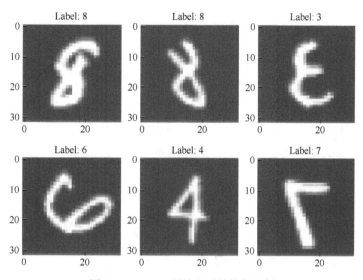

图 2-4　MNIST 预处理后的数据示例

除 MNIST 数据集之外，其他经典数据集如 CIFAR10 和 CIFAR100 等也可以在 torchvision. datasets 模块中找到，其使用方法和 MNIST 数据集相同。

2.2.2　自定义数据集的使用

除了这些经典数据集外，有时还需要根据实际任务使用指定的数据集。自定义的数据集 MyDataset 类需要继承 torch.utils.Dataset 抽象类，并实现三个方法，分别是：__init__() 方法，实现数据集的初始化；__len__() 方法，记录数据集的大小；__getitem__() 方法，通过索引获取数据和标签。例如：

```
import torch
from torch.utils.data import Dataset

class MyDataset(Dataset):
    # 初始化方法
    def __init__(self):
        # 由 3 个四维向量组成的模拟数据集
        self.data_list = torch.tensor([[0, 1, 2, 3],
                                       [4, 5, 6, 7],
                                       [8, 9, 0, 1]])
        # 对应的标签
        self.label_list = torch.tensor([0, 1, 2])
```

```
        def __len__(self):
            return self.data_list.shape[0]

        #根据索引每次取一个数据
        def __getitem__(self, index):
            data = self.data_list[index]
            label = self.label_list[index]
            return data, label
```

获取自定义数据集中的数据：

```
#获取自定义数据集的数据
dataset = MyDataset()
#取出第一个数据及其标签
print(dataset[0])
输出：
(tensor([0, 1, 2, 3]), tensor(0))
```

在 torchvision.datasets 模块中，还有一个通用的数据集加载器 ImageFolder。当数据文件依据标签划分在不同的文件夹中时，例如：

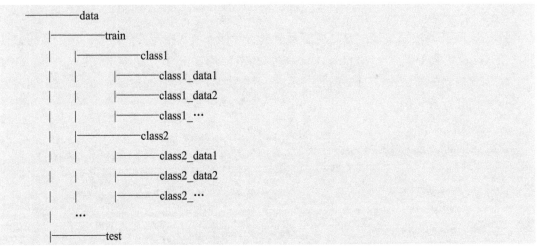

此时，可以使用 torchvision.datasets.ImageFolder 来直接构造数据集，代码如下：

```
from torchvision.datasets import ImageFolder
train_dataset = ImageFolder(
    root="./data/train/",
    transform=transform
```

```
)
test_dataset = ImageFolder(
    root="./data/test/",
    transform=transform
)
```

2.2.3　PyTorch 中的数据预处理模块 transforms

torchvision 包中的 transforms 模块，提供了对 PIL Image 对象和 Tensor 对象的常用处理操作，可以方便地对图像数据进行预处理。导入该模块：

```
# 导入 transforms 模块
from torchvision import transforms
```

常用的操作如下所示：

```
# 将 PIL 图像调整为给定大小
transforms.Resize(size)
# 依据给定的 size 从 PIL 图像中心裁剪
transforms.CenterCrop(size)
# 在 PIL 图像上随机裁剪出给定大小
transforms.RandomCrop(size)
# 将 PIL 图像裁剪为随机大小和宽高比，然后 resize 到给定大小
transforms.RandomResizedCrop(size)
# PIL 图像依概率 p 水平翻转，p 默认值为 0.5
transforms.RandomHorizontalFlip(p)
# 在 PIL 图像四周使用 fill 值进行边界填充，填充像素个数为 padding
transforms.Pad(padding, fill)
# 对 PIL 图像进行高斯模糊
transforms.GaussianBlur(kernel_size, sigma)
# 调整 PIL 图像的亮度、对比度、饱和度、色调
transforms.ColorJitter(brightness, contrast, saturation, hue)
# PIL 图像依概率 p 随即变为灰度图，p 默认值为 0.5
transforms.RandomGrayscale(p)
# 将 PIL 图像或者 ndarray 转换为 Tensor，并且归一化至 [0-1]
transforms.ToTensor()
# 用平均值和标准偏差归一化张量
transforms.Normalize(mean, std)
# 将 Tensor 或者 ndarray 数据转换为 PIL 图像
transforms.ToPILImage()
```

如果想要对数据集进行多个预处理操作，可以使用 transforms.Compose() 函数将这些操作串接起来。例如：

```
'''
对数据集中的每个图像执行：
    1）大小调整至 32×32。
    2）依 0.5 的概率进行水平翻转。
    3）最后将 PIL 图像变为 Tensor 数据。
'''
transforms.Compose([
    transforms.Resize(32),
    transforms.RandomHorizontalFlip(0.5),
    transforms.ToTensor()
])
```

2.3 PyTorch 中的损失函数使用

损失函数用于计算神经网络的预测结果与期望结果（真实结果）之间的差异程度 / 损失，是误差反向传播和权值更新的主要依据。预测值越接近目标的真实值，损失值越小。神经网络训练的过程就是将损失最小化的过程。

PyTorch 的 torch.nn 模块提供了多种损失函数，例如，均方误差损失（Mean Squared Error Loss，MSE Loss）、交叉熵损失（Cross Entropy Loss，CE Loss）等。针对不同的神经网络训练任务，可以选择使用合适的损失函数。PyTorch 中常用的损失函数如表 2-4 所示。

表 2-4　PyTorch 中常用的损失函数

torch.nn.MSELoss()	均方误差损失
torch.nn.L1Loss()	平均绝对值误差损失
torch.nn.CrossEntropyLoss()	交叉熵损失
torch.nn.NLLLoss()	负对数似然函数损失
torch.nn.BCELoss()	二分类交叉熵损失
torch.nn.SmoothL1Loss()	平滑的 L1 损失

下面以均方误差（MSE）损失函数为例：

```
# MSE Loss
torch.nn.MSELoss(reduction='mean')
```

其中，"reduction"参数可以取 none、mean、sum 三种值，默认值为 mean，代表计算每个 batch 中的所有样本损失均值。均方误差损失的计算如下：

$$L(\boldsymbol{x}, \boldsymbol{y}) = \frac{1}{N} \sum_{i=1}^{N} (x_i - y_i)^2 \qquad (2\text{-}5)$$

其中，$\boldsymbol{x}$ 代表神经网络的预测矩阵；$\boldsymbol{y}$ 代表真实矩阵；N 代表批大小。

torch.nn.MSELoss() 在神经网络训练中的使用方法如下：

```
import torch
from torch import nn

# 设置 MSE 损失
loss_fn = nn.MSELoss()
# 假设网络输出 output，batch_size 为 2
output = torch.randn(2, 10, requires_grad=True)
# 真实值，与 output 的形状相同
target = torch.randn(2, 10)
loss = loss_fn(output, target)
loss.backward()
```

2.4　PyTorch 中的优化器使用

2.4.1　优化器

在深度神经网络的训练过程中，优化器负责对深度神经网络的参数进行优化调整。神经网络的参数优化中，最重要的是权值优化方法和学习率优化方法。

PyTorch 的 torch.optim 模块提供了一些常用的优化方法，包括 SGD 优化器、Adam 优化器、RMSprop 优化器等。表 2-5 列举了一些 torch.optim 模块中常用的优化器。

表 2-5　常用的优化器

torch.optim.SGD()	随机梯度下降算法
torch.optim.ASGD()	平均随机梯度下降算法
torch.optim.Adam()	Adam 算法
torch.optim.Adadelta()	Adadelta 算法
torch.optim.Adamx()	Adamx 算法
torch.optim.RMSprop()	RMSprop 算法

下面以 torch.optim.Adam() 优化器为例，介绍优化器的使用方式：

```
# Adam 优化器
torch.optim.Adam(params, lr, betas, eps, weight_decay)
```

其中，"params"代表要优化的模型参数；"lr"代表学习率，默认为 0.001；"betas"代表用于计算梯度以及梯度平方的运行平均值的系数，默认为（0.9，0.999）；"eps"的默认值为 1e-8，作用是增加数值计算中的稳定性；"weight_decay"代表权重衰减（L2 惩罚），默认为 0。

例如，对于已经创建好的神经网络模型 net，使用 Adam 优化器对其网络参数进行优化：

```
net = Net()
# 使用 Adam 优化器，各层参数的学习率统一设置为 0.001
optimizer = torch.optim.Adam(params=net.parameters(), lr=0.001)
```

其中，net.parameters() 代表 net 网络中所有的参数，这些参数都需要使用优化器进行优化更新。

除了上述对神经网络各层统一设置学习率外，还有一种优化器的用法，那就是为不同层的参数定义不同的学习率：

```
# 为不同的层定义不同的学习率
optimizer = torch.optim.Adam(
    [{"params": net.conv1.parameters(), "lr": 0.01},
     {"params": net.conv2.parameters(), "lr": 0.001},
     {"params": net.linear.parameters()}],
    lr=1e-4
)
```

对于定义好的优化器 optimizer，在神经网络训练过程中的使用方式如下（optimizer.step()）：

```
# 优化器在神经网络训练过程中的使用格式
for input, target in dataloader:
    optimizer.zero_grad()    # 梯度清零
    output = net(input)      # 前向计算预测值
    loss = loss_fn(input, target)    # 使用损失函数 loss_fn 计算损失
    loss.backward()    # 损失反向传播
    optimizer.step()    # 使用优化器更新网络参数
```

不同的优化器有不同的优点和缺点，因此，使用不同的优化器，训练出的模型性能有一定差异。

2.4.2 学习率调整

在神经网络的训练过程中，也可以对学习率进行自适应调整。在不同的训练阶段使用不同的学习率，可使网络训练出更好的模型。PyTorch 中的 torch.optim.lr_scheduler 模块提供了一些常用的学习率调整方式：

1）torch.optim.lr_scheduler.LambdaLR(optimizer, lr_lambda, last_epoch=-1)，"optimizer" 代表要调整学习率的优化器，"lr_lambda" 代表函数衰减系数 λ。使用该学习率调整方式，将当前 epoch 的每个参数组的学习率设置为初始 lr 乘以 λ。

2）torch.optim.lr_scheduler.StepLR(optimizer, step_size,gamma=0.1, last_epoch=-1)，"optimizer" 代表要调整学习率的优化器，"step_size" 代表调整学习率的间隔，通常指 epoch，而 "gamma" 则是更新学习率的衰减因子，学习率会每经过 step_size 间隔，便调整为原来的 gamma 倍。

3）其他常用的学习率调整还有 torch.optim.lr_scheduler.CosineAnnealingWarmRestarts()、torch.optim.lr_scheduler.MultiStepLR() 以及 torch.optim.lr_scheduler.CosineAnnealingLR() 等。

通常需要在开始训练之前定义学习率调整的方法 / 函数，以在网络训练中自动调整学习率。优化器对网络参数与学习率的调整方法如下：

```python
#创建神经网络
net = Net()
#设置优化器
optimizer = torch.optim.Adam(params=net.parameters(), lr=0.1)
#设置学习率调整方式
scheduler = torch.optim.lr_scheduler.StepLR(optimizer, step_size=10, gamma=0.1)
for epoch in range(100): #训练过程
    for input, target in dataloader:
        optimizer.zero_grad() #梯度清零
        output = net(input) #前向计算预测值
        loss = loss_fn(input, target) #使用损失函数 loss_fn 计算损失
        loss.backward() #损失反向传播
        optimizer.step() #使用优化器更新网络参数
    scheduler.step() #一个 epoch 结束，更新学习率
```

2.5 PyTorch 中模型训练的整体流程

下面以 MNIST 数据集为例，将本章中的知识点串联起来，讲解基于 PyTorch 的数据集准备、神经网络模型定义、损失函数定义、优化器选择，以及整体训练流程。

第一步，准备所需要的数据。

```
# 1. 准备数据
import torch
from torch.utils.data import DataLoader
from torchvision import transforms
from torchvision import datasets

# 预处理
transfrom = transforms.Compose([
    transforms.RandomCrop(28),
    transforms.ToTensor()
])
# 准备训练集数据和验证集
train_dataset = datasets.MNIST(root='./data',transform=transfrom,train=True,download=True)
val_dataset = datasets.MNIST(root='./data',transform=transfrom,train=False,download=True)

# 训练集 dataloader, 验证集 dataloader
train_loader = DataLoader(
    dataset=train_dataset,
    batch_size=8,
    shuffle=True
)
val_loader = DataLoader(
    dataset=val_dataset,
    batch_size=8,
    shuffle=False
)
```

第二步，使用卷积层、池化层、全连接层和 ReLU 激活函数定义神经网络模型。

```
# 2. 网络部分
from torch import nn
class Net(nn.Module):
    # 初始化
    def __init__(self):
        super(Net, self).__init__()
        self.conv1 = nn.Conv2d(in_channels=1, out_channels=16, kernel_size=5, stride=1, padding=2)
```

```
        self.relu1 = nn.ReLU()
        self.max_pool1 = nn.MaxPool2d(kernel_size=2, stride=2, padding=0)
        self.conv2 = nn.Conv2d(in_channels=16, out_channels=8, kernel_size=3, stride=1, padding=0)
        self.relu2 = nn.ReLU()
        self.max_pool2 = nn.MaxPool2d(kernel_size=2, stride=2, padding=0)
        self.linear = nn.Linear(in_features=288, out_features=10, bias=True)

    # 定义前向计算过程
    def forward(self,x):
        x = self.conv1(x)
        x = self.relu1(x)
        x= self.max_pool1(x)
        x = self.conv2(x)
        x = self.relu2(x)
        x = self.max_pool2(x)
        # 将特征展平
        x = x.view(x.shape[0],-1)
        x = self.linear(x)
        return x


net = Net()
```

第三步，定义损失函数。

```
# 3.1 损失函数
loss_fn = nn.CrossEntropyLoss() # 使用 CE Loss
```

第四步，定义优化器及学习率调整方式。

```
# 3.2 优化器，学习率调整器
from torch import optim
# 使用 SGD 优化器，初始学习率为 0.0001
optimizer = optim.SGD(net.parameters(), lr=0.0001)
# 使用 StepLR 学习率调整方式，每隔 5 个 Epoch 学习率变为原来的 0.1 倍
scheduler = optim.lr_scheduler.StepLR(optimizer, step_size=5, gamma=0.1)
```

第五步，训练方法与整体训练流程。

```
# 3.3 迭代训练 10 个 Epoch
num_epochs = 10
print("Start Train!")
```

```python
for epoch in range(1, num_epochs+1):
    train_loss = 0
    train_acc = 0
    val_loss = 0
    val_acc = 0
    # 训练阶段，设为训练状态
    net.train()
    for batch_index, (imgs,labels) in enumerate(train_loader):
        output = net(imgs)
        loss = loss_fn(output,labels) # 计算损失
        optimizer.zero_grad()# 梯度清零
        loss.backward()# 反向传播
        optimizer.step()# 梯度更新
        # 计算精确度
        _,predict = torch.max(output,dim=1)
        corec = (predict == labels).sum().item()
        acc = corec / imgs.shape[0]
        train_loss += loss.item()
        train_acc += acc
    # 验证阶段
    net.eval()
    for batch_index, (imgs, labels) in enumerate(val_loader):
        output = net(imgs)
        loss = loss_fn(output,labels)
        _, predict = torch.max(output, dim=1)
        corec = (predict == labels).sum().item()
        acc = corec / imgs.shape[0]
        val_loss += loss.item()
        val_acc += acc
    # 依次输出当前 epoch、总的 num_epochs,
    # 训练过程中当前 epoch 的训练损失、训练准确度、验证损失、验证准确度和学习率
    print(epoch, '/', num_epochs, train_loss/len(train_loader),
            train_acc/len(train_loader), val_loss/len(val_loader),
            val_acc/len(val_loader),optimizer.param_groups[0]['lr'])
    # 调整学习率
    scheduler.step()
```

训练过程中 Epoch 的输出如图 2-5 所示。

```
Start Train!
1 / 10 2.2928450429598493 0.1101 2.2741197809219362 0.1697 0.0001
2 / 10 2.248322360165914 0.24086666666666667 2.2109298208236696 0.3092 0.0001
3 / 10 2.129400400654475 0.44571666666666665 1.99045989818573 0.6259 0.0001
4 / 10 1.6508390696048736 0.7194833333333334 1.1855033594608306 0.7837 0.0001
5 / 10 0.8932897986014684 0.7991833333333334 0.6673356828808784 0.8288 0.0001
6 / 10 0.6806765009671449 0.82465 0.6424176734983921 0.8331 1e-05
7 / 10 0.6588205365548532 0.8282166666666667 0.6222428809046745 0.8366 1e-05
8 / 10 0.6393922604133685 0.8319833333333333 0.6041377717316151 0.8395 1e-05
9 / 10 0.6218788315663735 0.8359 0.5870322432518006 0.8437 1e-05
10 / 10 0.6061100862781207 0.83965 0.5725058568686247 0.8468 1e-05
```

图 2-5　训练过程中每个 Epoch 的输出

第 3 章

简单的卷积神经网络实现

本章主要内容：

- LeNet-5 卷积神经网络实现。
- AlexNet 卷积神经网络实现。

本章讲解如何基于 PyTorch 框架，编程实现简单的卷积神经网络模型。

3.1 LeNet-5 卷积神经网络实现

LeNet-5 是最早的卷积神经网络模型，由 LeCun 于 1989 年左右提出。该模型网络结构简单，却具有开创性意义，在手写字体识别方面取得了显著的效果。本节将基于 PyTorch 框架，从零开始实现 LeNet-5 网络，并基于该网络对 MNIST 手写数字数据集进行分类。

在编写程序之前，首先导入所需要的工具包：

```
# 导入所需的包
import torch
import wandb
import torch.nn as nn
from torchvision import transforms
from torch.utils.data import DataLoader
from torchvision.datasets import MNIST
```

3.1.1 数据准备

本节需要用到手写数字数据集 MNIST。由于 MNIST 数据集较小，所以该数据集可以通过 torchvision.datasets 模块中的 MNIST() 方法直接读取使用。在下面的代码中，使用 torchvision.transforms 模块下的 Compose() 方法组合预处理图像。在处理过程中，首先通过 Resize() 方法将 MNIST 数据集中的图像大小由 28×28 变为 32×32，然后使用 ToTensor() 方法将图像转为形为（C, H, W）的 tensor 数据（C 为通道数，H、W 分别为高度和宽度）。数据集的读取地址设为 "./data"，如果该地址下没有 MNIST 数据集，则需要在网上进行下载，或者将 MNIST() 方法中的 download 设为 True，使用该方法下载数据集。数据的预处理准备代码如下：

```
# 使用 Compose 容器组合定义图像预处理方式
transf = transforms.Compose([
    # 改变图像大小
    transforms.Resize(32),
    # 将给定图像转为形为 (C, H, W) 的 tensor 数据
    transforms.ToTensor()
])
# 数据准备
train_set = MNIST(
    # 数据集的读取地址
    root="./data",
    # 是否为训练集，True 为训练集
    train=True,
    # 使用数据预处理
    transform=transf,
    # 是否需要下载，True 为需要下载
    download=True
)
test_set = MNIST(
    root="./data",
    train=False,
    transform=transf,
    download=True
)
# 定义数据加载器
train_loader = DataLoader(
    # 需要加载的数据
    train_set,
    # 定义 batch 大小
    batch_size=128,
    # 是否打乱顺序，True 为打乱顺序
    shuffle=True
)
test_loader = DataLoader(
```

```
        test_set,
        batch_size=128,
        shuffle=False
)
```

3.1.2　LeNet-5 神经网络结构 / 模型定义

LeNet-5 网络共包含两个卷积层、两个池化层以及三个全连接层，最后一个全连接层就是输出层，输出最终的分类结果。在下面的 LeNet-5 网络实现过程中，池化层使用最大池化 nn.MaxPool2d()，卷积层和全连接层使用 Tanh 激活函数进行激活。

在下面的 LeNet-5 代码中，第一个卷积层使用了 6 个 5×5 的卷积核对图像进行卷积运算，卷积步长为 1，且不使用补零 / 补齐操作（Padding 默认为 0）。1×32×32 的灰度图像输入网络，经过第一个卷积层后，将输出 6 通道的 28×28 的特征图，即输出特征的形状为 6×28×28。输出特征经过 Tanh 激活函数激活后进入池化层。第二层是最大池化层，该层可通过步幅为 2 的卷积实现，卷积核尺寸为 2×2，步长（步幅）为 2，也可以通过 PyTorch 自带的池化函数完成，将输入特征从 6×28×28 变为 6×14×14。池化操作不改变数据的通道数，仍然保持 6 个通道。第二个卷积层和池化层重复上述操作。

经过两个卷积层和两个池化层后，进入全连接层。LeNet-5 共有 3 个全连接层，最后一层为输出层。第一个全连接层和第二个全连接层中的神经元数量分别为 120 和 84；最后一个全连接层即输出层的神经元数量为 10，以对输入的手写图像进行分类（0 ~ 9）。

```
#定义 LeNet-5 网络
class LeNet5(nn.Module):
    def __init__(self):
        super(LeNet5, self).__init__()
        #输入 1×32×32 的 MNIST 图像，经过卷积后输出大小为 6×28×28
        self.conv1 = nn.Conv2d(in_channels=1, out_channels=6, kernel_size=(5, 5), stride=1, bias=True)
        # 卷积操作后使用 Sigmoid 激活函数，激活函数不改变其大小
        self.sigmd1 = nn.Sigmoid()
        # 使用最大池化进行下采样，输出大小为 6×14×14
        self.pool1 = nn.MaxPool2d(kernel_size=(2, 2),stride=2)
        #输出大小为 16×10×10
        self.conv2 = nn.Conv2d(in_channels=6, out_channels=16, kernel_size=(5, 5), stride=1, bias=True)
        self.sigmd2 = nn.Sigmoid()
        #输出大小为 16×5×5
        self.pool2 = nn.MaxPool2d(kernel_size=(2, 2), stride=2)
        #两个卷积层和最大池化层后接三个全连接层
        self.fc1 = nn.Linear(16*5*5, 120)
```

```python
        self.sigmd3 = nn.Sigmoid()
        self.fc2 = nn.Linear(120, 84)
        self.sigmd4 = nn.Sigmoid()
        #第三个全连接层是输出层，输出单元个数即数据集中类别数，MNIST 数据集有 10 个类
        self.classifier = nn.Linear(84, 10)


    #定义前向传播过程
    def forward(self, x):
        x = self.conv1(x)
        x = self.sigmd1(x)
        x = self.pool1(x)
        x = self.conv2(x)
        x = self.sigmd2(x)
        x = self.pool2(x)
        #在全连接操作前将数据拉平 / 展开 / 碾平
        x = x.view(x.size(0), -1)
        x = self.fc1(x)
        x = self.sigmd3(x)
        x = self.fc2(x)
        x = self.sigmd4(x)
        output = self.classifier(x)
        return output
```

3.1.3　wandb 可视化工具

wandb 是 Weights & Biases 的缩写，是一款能够自动记录模型训练过程中的超参数和输出指标的可视化工具。通过 wandb，能够实现可视化结果，例如损失值、准确率、召回率等。

通过以下命令进行安装：

```
pip install wandb
```

创建账户：

```
wandb login
```

完成上述安装和创建账户后，便可以在程序中导入该包，并进行初始化，随后便可以将需要的输出值进行记录：

```python
import wandb    #导入 wandb 包
experiment = wandb.init(project='LeNet-5', resume='allow', anonymous='must')
experiment.log({
```

```
            'epoch':epoch,
            'train loss': train_loss / len(train_loader),
            'test acc': test_corrects / len(test_loader),
    })
```

3.1.4 整体训练流程

模型通过自定义 train() 方法进行训练,在模型的训练过程中,使用 PyTorch 中的 nn.CrossEntropyLoss() 损失函数计算损失,使用 Adam 优化器对网络参数进行优化。此外,通过调用 wandb 可视化工具,将训练中的重要数据进行可视化,例如,以折线图的形式直观地表示出训练过程中的损失变化以及图像分类测试准确度变化。

1. 定义训练方法

```
# 定义网络的预训练
def train(net, train_loader, test_loader, device, l_r = 0.0003, num_epochs=10):
    # 使用 wandb 跟踪训练过程
    experiment = wandb.init(project='LeNet-5', resume='allow', anonymous='must')
    # 定义损失函数
    criterion = nn.CrossEntropyLoss()
    # 定义优化器
    optimizer = torch.optim.Adam(net.parameters(), lr=l_r)
    # 将网络移动到指定设备
    net = net.to(device)
    # 正式开始训练
    for epoch in range(num_epochs):
        # 保存一个 Epoch 的损失
        train_loss = 0
        # 计算准确度
        test_corrects = 0
        # 设置模型为训练模式
        net.train()
        for step, (imgs, labels) in enumerate(train_loader):
            # 训练使用的数据移动到指定设备
            imgs = imgs.to(device)
            labels = labels.to(device)
            output = net(imgs)
            # 计算损失
            loss = criterion(output, labels)
```

```
                    #将梯度清零
                    optimizer.zero_grad()
                    #将损失进行后向传播
                    loss.backward()
                    #更新网络参数
                    optimizer.step()
                    train_loss += loss.item()
            #设置模型为验证模式
            net.eval()
            for step, (imgs, labels) in enumerate(test_loader):
                    imgs = imgs.to(device)
                    labels = labels.to(device)
                    output = net(imgs)
                    pre_lab = torch.argmax(output, 1)
                    corrects = (torch.sum(pre_lab == labels.data).double() / imgs.size(0))
                    test_corrects += corrects.item()
            #一个 Epoch 结束时，使用 wandb 保存需要可视化的数据
            experiment.log({
                    'epoch':epoch,
                    'train loss': train_loss / len(train_loader),
                    'test acc': test_corrects / len(test_loader),
            })
            print('Epoch: {}/{}'.format(epoch, num_epochs-1))
            print('{} Train Loss:{:.4f}'.format(epoch, train_loss / len(train_loader)))
            print('{} Test Acc:{:.4f}'.format(epoch, test_corrects / len(test_loader)))
            #保存此 Epoch 训练的网络的参数
            torch.save(net.state_dict(), './LeNet.pth')
```

2．训练过程

　　在开始训练前，先定义好要使用的设备，使用 device 就可以简单地决定。使用上述定义好的网络和训练方法，就可以开始对模型训练了。在下列代码中，使用 device 决定设备：如果计算机可以使用 CUDA，则使用 GPU 运行程序，否则使用 CPU 运行程序。将训练网络时使用的学习率设置为 0.0003。

　　将 LeNet-5 网络、训练数据集、测试数据集以及超参数设置好后，传入训练方法 train()中，运行程序开始训练：

```
if __name__ == "__main__":
        #定义训练使用的设备
        device = torch.device('cuda' if torch.cuda.is_available() else 'cpu')
```

```
net = LeNet5()
train(net, train_loader, test_loader, device, l_r=0.0003, num_epochs=10)
```

3.1.5 效果展示

在 wandb 中，可以直观地看出每个 Epoch 对应的损失值变化，包括训练损失和测试损失。如图 3-1 所示，运行上述训练程序 10 个 Epoch，通过查看 wandb 的可视化数据，横坐标以 Epoch 为单位，可以得到训练过程中的训练效果。

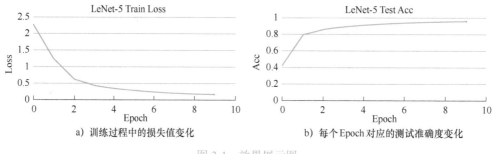

a) 训练过程中的损失值变化   b) 每个 Epoch 对应的测试准确度变化

图 3-1　效果展示图

3.2　AlexNet 卷积神经网络实现

AlexNet 卷积神经网络获得了 2012 年度的 ImageNet 视觉分类竞赛冠军。但在神经网络结构方面，AlexNet 与 LeNet-5 网络相似，只是加深了网络的深度。本节将实现 AlexNet 神经网络模型，并基于该网络对 CIFAR10 数据集进行分类。

在编写程序之前，先导入所需要的工具包：

```
# 导入所需的包
import torch
import wandb
import torch.nn as nn
from torchvision import transforms
from torch.utils.data import DataLoader
from torchvision.datasets import CIFAR10
```

3.2.1 数据准备

本节使用的数据集是 CIFAR10。该数据集一共有 50000 幅训练图像和 10000 幅测试图像，可通过 torchvision.datasets 模块中的 CIFAR10() 方法直接使用。CIFAR10 数据集的处理与 MNIST 类似，首先通过 Resize() 方法将数据集中的图像由 32×32 变为 224×224，然后使用 ToTensor() 方法将图像转为形为（C, H, W）的 tensor 数据。数据集的读取地址设为 "./data"，若该地址下没有 CIFAR10 数据集，则需要在网上进行下载，或者将 CIFAR10() 方法中的 download 设为 True，使用该方法下载数据集。数据的预处理准备代码如下：

```python
# 使用 Compose 容器组合定义图像预处理方式
transf = transforms.Compose([
    # 改变图像大小
    transforms.Resize(224),
    # 将给定图像转为形为 (C, H, W) 的 tensor 数据
    transforms.ToTensor()
])
# 数据准备
train_set = CIFAR10(
    # 数据集的地址
    root="./data",
    # 是否为训练集，True 为训练集
    train=True,
    # 使用数据预处理
    transform=transf,
    # 是否需要下载，True 为需要下载
    download=True
)
test_set = CIFAR10(
    root="./data",
    train=False,
    transform=transf,
    download=True
)
# 定义数据加载器
train_loader = DataLoader(
    # 需要加载的数据
    train_set,
    # 定义 batch 大小
    batch_size=16,
    # 是否打乱顺序，True 为打乱顺序
    shuffle=True
```

```
)
test_loader = DataLoader(
    test_set,
    batch_size=16,
    shuffle=False
)
```

3.2.2 AlexNet 神经网络结构 / 模型定义

AlexNet 神经网络分为 8 层，包括 5 个卷积层和 3 个全连接层，每个卷积层都使用了 ReLU 激活函数以及局部响应归一化（LRN）处理。卷积计算之后，会进行池化操作，但 AlexNet 只有 3 个池化层，第 3、4 个卷积层之后没有池化操作。

AlexNet 的第一个卷积层的卷积核大小为 11×11，步长为 4，填充为 2，卷积核数量为 96。故 3×224×224 的输入图像，第一次卷积后得到的特征形状为 96×55×55。之后，使用 ReLU 激活后进入池化层。池化层使用最大池化操作，该层定义卷积核大小为 3×3，步长为 2，特征矩阵由 96×55×55 变为 96×27×27。后续卷积操作的卷积核尺寸分别为 5×5 和 3×3。

后面是全连接层，AlexNet 共有 3 个全连接层，其中最后一层为输出层，每层的神经元数量分别为 4096、4096、10。由于 AlexNet 使用的全连接层中的神经元较多，运算量较大，所以前两个全连接层中引入了 Dropout 操作，随机使一些神经元失效，以加快训练速度，减少过拟合。

```
# 定义 AlexNet 网络
class AlexNet(nn.Module):
    def __init__(self):
        super(AlexNet, self).__init__()
        # 输入 3×224×224 的 CIFAR10 图像
        self.conv1 = nn.Sequential(
            # 卷积操作后输出数据大小为 96×55×55
            nn.Conv2d(3, 96, kernel_size=11, stride=4, padding=2),
            nn.ReLU(),
            # 池化操作后输出数据大小为 96×27×27
            nn.MaxPool2d(kernel_size=3, stride=2),
        )
        self.conv2 = nn.Sequential(
            # 输出大小为 256×27×27
            nn.Conv2d(96, 256, kernel_size=5, stride=1, padding=2),
            nn.ReLU(),
```

```
            #输出大小为 256×13×13
            nn.MaxPool2d(kernel_size=3, stride=2),
        )
        self.conv3 = nn.Sequential(
            #输出大小为 384×13×13
            nn.Conv2d(256, 384, kernel_size=3, stride=1, padding=1),
            nn.ReLU(),
        )
        self.conv4 = nn.Sequential(
            #输出大小为 384×13×13
            nn.Conv2d(384, 384, kernel_size=3, stride=1, padding=1),
            nn.ReLU(),
        )
        self.conv5 = nn.Sequential(
            #输出大小为 256×13×13
            nn.Conv2d(384, 256, kernel_size=3, stride=1, padding=1),
            nn.ReLU(),
            #输出大小为 256×6×6
            nn.MaxPool2d(kernel_size=3, stride=2),
        )
        self.fc1 = nn.Sequential(
            nn.Dropout(0.5),
            nn.Linear(256 * 6 * 6, 4096),
            nn.ReLU(),
        )
        self.fc2 = nn.Sequential(
            nn.Dropout(0.5),
            nn.Linear(4096, 4096),
            nn.ReLU(),
        )
        self.classifier = nn.Linear(4096, 10)

    #定义前向传播过程
    def forward(self, x):
        x = self.conv1(x)
        x = self.conv2(x)
        x = self.conv3(x)
        x = self.conv4(x)
        x = self.conv5(x)
```

```
x = x.view(x.size(0), -1)
x = self.fc1(x)
x = self.fc2(x)
output = self.classifier(x)
return output
```

3.2.3 整体训练流程

AlexNet 网络的训练过程与 LeNet-5 相似，所以可以直接使用 3.1.4 节中定义的 train() 训练方法来训练 AlexNet 网络。在网络的训练过程中，同样使用 PyTorch 中的 nn.CrossEntropyLoss() 损失函数计算损失，使用 Adam 优化器对网络参数进行优化。

在开始训练前，同样要用 device 定义好要使用的设备。再使用上述定义好的 AlexNet 网络和训练方法，便可以开始对模型进行训练。将 AlexNet 网络、训练数据集、测试数据集以及其他超参数准备好后，传入训练方法 train() 中，运行程序开始训练。

```
if __name__ == "__main__":
    #定义训练使用的设备
    device = torch.device('cuda' if torch.cuda.is_available() else 'cpu')
    net = AlexNet()
    train(net, train_loader, test_loader, device, l_r=0.0003, num_epochs=10)
```

3.2.4 效果展示

如图 3-2 所示，训练 10 个 Epoch 后，通过 wandb 的可视化数据，可以查看训练效果。

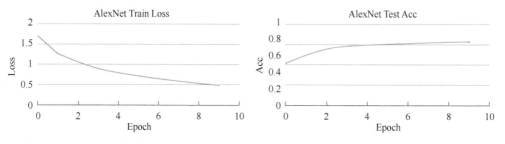

图 3-2　训练过程中的损失变化及每个 Epoch 得到的模型在测试数据集上的分类准确度变化

第 4 章

基于深度学习的简单目标识别

本章主要内容：
- 基于 VGG 骨干网络的目标分类。
- 基于 ResNet 骨干网络的目标分类。

4.1 基于 VGG 骨干网络的目标分类

4.1.1 VGG 介绍

VGG 深度卷积神经网络是由牛津大学计算机视觉组（Oxford Visual Geometry Group）和 Google DeepMind 公司的研究员于 2014 年共同研究出的深度学习网络。相较于早期的 LeNet 网络和 AlexNet 网络，VGG 网络更深。如图 4-1 所示，按照神经网络配置的不同，VGG 系列骨干网络共有 6 种，网络深度分别为 11、11（A-LRN）、13、16、16、19 层。

在编写程序之前，首先导入所需要的工具包：

```
# 导入所需的包
import torch
import wandb
import torch.nn as nn
from torchvision import transforms
from torchvision.datasets import CIFAR10
from torch.utils.data import DataLoader
```

本节使用的数据集仍为第 3 章的 CIFAR10 数据集，但不再改变数据集的尺寸，原始尺寸为 32×32，则对于数据准备部分只需要按照如下代码编写：

```
transf = transforms.Compose([transforms.ToTensor()])


train_set = CIFAR10(root="./data", train=True, transform=transf, download=True)
```

```
test_set = CIFAR10(root="./data",train=False, transform=transf, download=True)

train_loader = DataLoader(train_set, batch_size=16, shuffle=True)
test_loader = DataLoader(test_set, batch_size=16, shuffle=False)
```

ConvNet Configuration					
A	A-LRN	B	C	D	E
11 weight layers	11 weight layers	13 weight layers	16 weight layers	16 weight layers	19 weight layers
input (224×224 RGB image)					
conv3-64	conv3-64 **LRN**	conv3-64 **conv3-64**	conv3-64 conv3-64	conv3-64 conv3-64	conv3-64 conv3-64
maxpool					
conv3-128	conv3-128	conv3-128 **conv3-128**	conv3-128 conv3-128	conv3-128 conv3-128	conv3-128 conv3-128
maxpool					
conv3-256 conv3-256	conv3-256 conv3-256	conv3-256 conv3-256	conv3-256 conv3-256 **conv1-256**	conv3-256 conv3-256 **conv3-256**	conv3-256 conv3-256 conv3-256 **conv3-256**
maxpool					
conv3-512 conv3-512	conv3-512 conv3-512	conv3-512 conv3-512	conv3-512 conv3-512 **conv1-512**	conv3-512 conv3-512 **conv3-512**	conv3-512 conv3-512 conv3-512 **conv3-512**
maxpool					
conv3-512 conv3-512	conv3-512 conv3-512	conv3-512 conv3-512	conv3-512 conv3-512 **conv1-512**	conv3-512 conv3-512 **conv3-512**	conv3-512 conv3-512 conv3-512 **conv3-512**
maxpool					
FC-4096					
FC-4096					
FC-1000					
soft-max					

图 4-1 　VGG 系列骨干网络的神经网络结构（从右数第二列为常用的 VGG 16 的神经网络结构）

4.1.2　VGG16 网络实现

如图 4-1 所示，VGG 网络由卷积层和全连接层两大部分组成，根据 VGG 网络定义的深度不同，所叠加的卷积层数量有所不同。在所有卷积层之后，每个版本的 VGG 网络都是接上三个全连接层。VGG 网络中，使用 3×3 小卷积核代替大卷积核。在卷积操作中，两个 3×3 的卷积核叠加得到的感受野效果约等于一个 5×5 的卷积核的感受野。

VGG16 网络包含 5 个卷积块和 5 个池化层，每个卷积块后都有一个最大池化层。在 VGG16 中，第一个卷积块和第二个卷积块含有 2 个卷积层，第 3、4、5 个卷积块中含有 3 个卷积层。在同一个卷积块中，经过任一个卷积层后数据大小保持不变。所以，当使用 3×3 卷积核时，卷积层的步长为 1，填充为 1。

如图 4-1 所示，VGG16 有两个版本。第一种，"C"配置 VGG16 网络的后三个卷积块中，第三个卷积层都是使用了 1×1 的卷积核；第二种，"D"配置 VGG16 网络的后三个卷积块中，第三个卷积层都是使用了 3×3 的卷积核。在下列代码中，我们实现的是"D"配置的 VGG16 网络：

```python
#定义 VGG16
class VGG16(nn.Module):
    def __init__(self, num_classes):
        super(VGG16, self).__init__()
        #第 1 个卷积块
        self.conv1 = nn.Sequential(
            nn.Conv2d(3, 64, kernel_size=(3, 3), stride=1, padding=1),nn.ReLU(),
            nn.Conv2d(64, 64, kernel_size=(3, 3), stride=1, padding=1),nn.ReLU()
        )
        self.pool1 = nn.MaxPool2d((2, 2), 2)
        #第 2 个卷积块
        self.conv2 = nn.Sequential(
            nn.Conv2d(64, 128, kernel_size=(3, 3), stride=1, padding=1),nn.ReLU(),
            nn.Conv2d(128, 128, kernel_size=(3, 3), stride=1, padding=1),nn.ReLU()
        )
        self.pool2 = nn.MaxPool2d((2, 2), 2)
        #第 3 个卷积块
        self.conv3 = nn.Sequential(
            nn.Conv2d(128, 256, kernel_size=(3, 3), stride=1, padding=1),nn.ReLU(),
            nn.Conv2d(256, 256, kernel_size=(3, 3), stride=1, padding=1),nn.ReLU(),
            nn.Conv2d(256, 256, kernel_size=(3, 3), stride=1, padding=1),nn.ReLU()
        )
        self.pool3 = nn.MaxPool2d((2, 2), 2)
        #第 4 个卷积块
        self.conv4 = nn.Sequential(
            nn.Conv2d(256, 512, kernel_size=(3, 3), stride=1, padding=1),nn.ReLU(),
            nn.Conv2d(512, 512, kernel_size=(3, 3), stride=1, padding=1),nn.ReLU(),
            nn.Conv2d(512, 512, kernel_size=(3, 3), stride=1, padding=1),nn.ReLU()
        )
```

```
        self.pool4 = nn.MaxPool2d((2, 2), 2)
        #第 5 个卷积块
        self.conv5 = nn.Sequential(
            nn.Conv2d(512, 512, kernel_size=(3, 3), stride=1, padding=1),nn.ReLU(),
            nn.Conv2d(512, 512, kernel_size=(3, 3), stride=1, padding=1),nn.ReLU(),
            nn.Conv2d(512, 512, kernel_size=(3, 3), stride=1, padding=1),nn.ReLU()
        )
        self.pool5 = nn.MaxPool2d((2, 2), 2)
        #全连接层部分
        self.output = nn.Sequential(
            nn.Linear(512*1*1, 4096),nn.ReLU(),nn.Dropout(),
            nn.Linear(4096, 4096),nn.ReLU(),nn.Dropout(0.5),
            nn.Linear(4096, num_classes)
        )

    def forward(self,x):
        x = self.pool1(self.conv1(x))
        x = self.pool2(self.conv2(x))
        x = self.pool3(self.conv3(x))
        x = self.pool4(self.conv4(x))
        x = self.pool5(self.conv5(x))
        x = x.view(x.size(0), -1)
        outer = self.output(x)
        return outer
```

在掌握了 VGG 的具体实现结构后，可以调用 torchvision.models 中定义好的模型，常用的 VGG16 和 VGG19 网络都可以通过它调用：

```
import torchvision.models as models
vgg16 = models.vgg16()
vgg19 = models.vgg19()
```

4.1.3 基于 VGG16 进行 CIFAR 数据集分类

VGG 网络对 CIFAR10 数据进行分类的过程与 AlexNet 网络相同。所以可以使用第 3 章中的 train 方法实现 VGG 网络的训练，代码如下：

```
if __name__ == "__main__":
    #定义训练使用的设备
    device = torch.device('cuda' if torch.cuda.is_available() else 'cpu')
```

```
# 使用自定义的 VGG16 类实现 VGG16 网络
# 由于 CIFAR10 只有 10 种类别，所以修改 VGG 网络的输出层神经元数量，num_classes = 10
net = VGG16(num_classes = 10)
train(net, train_loader, test_loader, device, l_r=0.00003, num_epochs=10)
```

4.2　基于 ResNet 骨干网络的目标分类

4.2.1　ResNet 神经网络的设计原理

随着网络的不断加深，人们发现网络的学习效果反而变差，使得训练难度加大，ResNet 网络给出了该问题的一种解决方式。ResNet（Residual Network）网络是在 2015 年由何凯明等人提出的新一代深度神经网络模型，ResNet 网络的基本组成是残差块，残差块的结构如图 4-2 所示。在一个残差模块中，将输入的数据设为 x，残差块中带有参数的网络层映射设为 $F(x)$。在一个残差模块中，输入 x 会被使用两次，首先是作为残差块的输入，残差块对 x 进行两次（ResNet-34）或三次（ResNet-50）连续的卷积处理，其输出 $F(x)$ 将与原先的输入 x 相加，相加后的矩阵才是残差块的最终输出。$x \rightarrow F(x) + x$ 就是残差模块的学习过程。

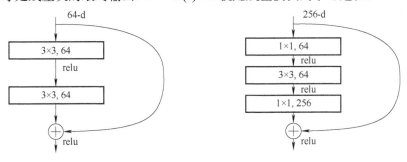

a）ResNet-34 的残差块结构　　　　　b）ResNet-50 的残差块结构

图 4-2　残差块结构

ResNet-34 的残差块中进行两次连续的 3×3 卷积，卷积核数量 / 通道数固定为 64；ResNet-50 的残差块先进行一次 1×1 卷积，再进行一次 3×3 卷积，最后再进行一次 1×1 卷积，卷积核数量 / 通道数先降后恢复，即从输入数据的 256 通道，降为 64 通道，最后再恢复为 256 通道，以便将残差块的输出与输入数据进行直接相加融合。

图 4-3 给出了 5 种不同的 ResNet 骨干网络变种的神经网络结构。这 5 种网络的深度分别是 18、34、50、101、152 层。其中，ResNet-18 和 ResNet-34 是使用的 ResNet-34 的残差块，其他变种使用的是 ResNet-50 的残差块。

layer name	output size	18-layer	34-layer	50-layer	101-layer	152-layer
conv1	112×112	7×7, 64, stride 2				
conv2_x	56×56	3×3 maxpool, stride 2				
		$\begin{bmatrix} 3\times3,\ 64 \\ 3\times3,\ 64 \end{bmatrix}\times2$	$\begin{bmatrix} 3\times3,\ 64 \\ 3\times3,\ 64 \end{bmatrix}\times3$	$\begin{bmatrix} 1\times1,\ 64 \\ 3\times3,\ 64 \\ 1\times1,\ 256 \end{bmatrix}\times3$	$\begin{bmatrix} 1\times1,\ 64 \\ 3\times3,\ 64 \\ 1\times1,\ 256 \end{bmatrix}\times3$	$\begin{bmatrix} 1\times1,\ 64 \\ 3\times3,\ 64 \\ 1\times1,\ 256 \end{bmatrix}\times3$
conv3_x	28×28	$\begin{bmatrix} 3\times3,\ 128 \\ 3\times3,\ 128 \end{bmatrix}\times2$	$\begin{bmatrix} 3\times3,\ 128 \\ 3\times3,\ 128 \end{bmatrix}\times4$	$\begin{bmatrix} 1\times1,\ 128 \\ 3\times3,\ 128 \\ 1\times1,\ 512 \end{bmatrix}\times4$	$\begin{bmatrix} 1\times1,\ 128 \\ 3\times3,\ 128 \\ 1\times1,\ 512 \end{bmatrix}\times4$	$\begin{bmatrix} 1\times1,\ 128 \\ 3\times3,\ 128 \\ 1\times1,\ 512 \end{bmatrix}\times8$
conv4_x	14×14	$\begin{bmatrix} 3\times3,\ 256 \\ 3\times3,\ 256 \end{bmatrix}\times2$	$\begin{bmatrix} 3\times3,\ 256 \\ 3\times3,\ 256 \end{bmatrix}\times6$	$\begin{bmatrix} 1\times1,\ 256 \\ 3\times3,\ 256 \\ 1\times1,\ 1024 \end{bmatrix}\times6$	$\begin{bmatrix} 1\times1,\ 256 \\ 3\times3,\ 256 \\ 1\times1,\ 1024 \end{bmatrix}\times23$	$\begin{bmatrix} 1\times1,\ 256 \\ 3\times3,\ 256 \\ 1\times1,\ 1024 \end{bmatrix}\times36$
conv5_x	7×7	$\begin{bmatrix} 3\times3,\ 512 \\ 3\times3,\ 512 \end{bmatrix}\times2$	$\begin{bmatrix} 3\times3,\ 512 \\ 3\times3,\ 512 \end{bmatrix}\times3$	$\begin{bmatrix} 1\times1,\ 512 \\ 3\times3,\ 512 \\ 1\times1,\ 2048 \end{bmatrix}\times3$	$\begin{bmatrix} 1\times1,\ 512 \\ 3\times3,\ 512 \\ 1\times1,\ 2048 \end{bmatrix}\times3$	$\begin{bmatrix} 1\times1,\ 512 \\ 3\times3,\ 512 \\ 1\times1,\ 2048 \end{bmatrix}\times3$
	1×1	average pool, 1000-d fc, softmax				
FLOPs		1.8×10^9	3.6×10^9	3.8×10^9	7.6×10^9	11.3×10^9

图 4-3　5 种 ResNet 骨干网络变种的神经网络结构（从右数第 3 列为 ResNet-50 的神经网络结构）

4.2.2　ResNet-18 神经网络模型实现

由于 ResNet 网络主要由基本卷积操作和残差块卷积，因此首先要编写残差块的代码。其中，BasicBlock 是基础的 ResNet-34 的残差块，Bottleneck 是改进的 ResNet-50 的残差块。ResNet 类中的 _make_layer 方法是顺序放置残差块以创建神经网络模型的主要方法。代码如下：

```python
# 基础的残差模块
class BasicBlock(nn.Module):
    expansion = 1
    def __init__(self, ch_in, ch_out, stride=1):
        super(BasicBlock, self).__init__()
        self.conv1 = nn.Conv2d(ch_in, ch_out, kernel_size=3, stride=stride, padding=1, bias=False)
        self.bn1 = nn.BatchNorm2d(ch_out)
        # inplace 为 True，将计算得到的值直接覆盖之前的值，可以节省时间和内存
        self.relu = nn.ReLU(inplace=True)
        self.conv2 = nn.Conv2d(ch_out, ch_out, kernel_size=3, stride=1, padding=1, bias=False)
        self.bn2 = nn.BatchNorm2d(ch_out)
        self.downsample = None
        if ch_out != ch_in:
            # 如果输入通道数和输出通道数不相同，使用 1×1 的卷积改变通道数
            self.downsample = nn.Sequential(
                nn.Conv2d(ch_in, ch_out, kernel_size=1, stride=2, bias=False),
                nn.BatchNorm2d(ch_out)
            )
```

```python
    def forward(self,x):
        identity = x
        out = self.bn1(self.conv1(x))
        out = self.relu(out)
        out = self.bn2(self.conv2(out))
        if self.downsample != None:
            identity = self.downsample(x)
        out += identity
        relu = nn.ReLU()
        out = relu(out)
        return out


# 改进型的残差模块
class Bottleneck(nn.Module):
    expansion = 4
    def __init__(self, ch_in, ch_out, stride=1):
        super(Bottleneck, self).__init__()
        self.conv1 = nn.Conv2d(ch_in, ch_out, kernel_size=1, stride=1, bias=False)
        self.bn1 = nn.BatchNorm2d(ch_out)
        self.conv2 = nn.Conv2d(ch_out, ch_out, kernel_size=3, stride=stride, padding=1, bias=False)
        self.bn2 = nn.BatchNorm2d(ch_out)
        self.conv3 = nn.Conv2d(ch_out, ch_out * self.expansion, kernel_size=1, stride=1, bias=False)
        self.bn3 = nn.BatchNorm2d(ch_out * self.expansion)
        self.relu = nn.ReLU(inplace=True)
        self.downsample = None
        if ch_in != ch_out * self.expansion:
            self.downsample = nn.Sequential(
                nn.Conv2d(ch_in, ch_out * self.expansion, kernel_size=1, stride=stride, bias=False),
                nn.BatchNorm2d(ch_out * self.expansion)
            )

    def forward(self, x):
        identity = x
        out = self.bn1(self.conv1(x))
        out = self.relu(out)
        out = self.bn2(self.conv2(out))
```

```
            out = self.relu(out)
            out = self.bn3(self.conv3(out))
            if self.downsample is not None:
                identity = self.downsample(x)
            out += identity
            relu = nn.ReLU()
            out = relu(out)
            return out


# 实现 ResNet 网络
class ResNet(nn.Module):
    # 初始化: block: 残差块结构; layers: 残差块层数; num_classes: 输出层神经元个数即分类数
    def __init__(self, block, layers, num_classes=1000):
        super(ResNet, self).__init__()
        # 改变后的通道数
        self.channel = 64
        # 第 1 个卷积层
        self.conv1 = nn.Conv2d(3, self.channel, kernel_size=7, stride=2, padding=3, bias=False)
        self.bn1 = nn.BatchNorm2d(self.channel)
        self.relu = nn.ReLU(inplace=True)
        self.maxpool = nn.MaxPool2d(kernel_size=3, stride=2, padding=1)
        # 残差网络的 4 个残差块堆
        self.layer1 = self._make_layer(block, 64, layers[0], stride=1)
        self.layer2 = self._make_layer(block, 128, layers[1], stride=2)
        self.layer3 = self._make_layer(block, 256, layers[2], stride=2)
        self.layer4 = self._make_layer(block, 512, layers[3], stride=2)
        self.avgpool = nn.AdaptiveAvgPool2d((1, 1))
        # 全连接层, 也是输出层
        self.fc = nn.Linear(512 * block.expansion, num_classes)


    # 用于堆叠残差块
    def _make_layer(self, block, ch_out, blocks, stride=1):
        layers = []
        layers.append(block(self.channel, ch_out, stride))
        self.channel = ch_out * block.expansion
        for _ in range(1, blocks):
            layers.append(block(self.channel, ch_out))
```

```
        return nn.Sequential(*layers)

    def forward(self, x):
        x = self.conv1(x)

        x = self.bn1(x)

        x = self.relu(x)

        x = self.maxpool(x)

        x = self.layer1(x)

        x = self.layer2(x)

        x = self.layer3(x)

        x = self.layer4(x)

        x = self.avgpool(x)

        x = x.view(x.size(0), -1)

        x = self.fc(x)

        return x
```

对于某个具体的 ResNet 网络类型，可以定义具体的网络模型设置。例如，可以定义 ResNet-18 方法用来生成 ResNet-18 网络，在使用 ResNet-18 网络时只需要调用该方法即可，其他结构的 ResNet 网络也是如此。

ResNet-18 网络使用基础残差结构 BasicBlock 生成。按照图 4-3 中展示的内容，ResNet-18 各部分的残差块数量分别是 2、2、2、2 个，将这些数量参数以列表的形式传入网络的初始化方法中，完成网络的初始化。代码如下：

```
# ResNet-18 生成方法
def ResNet-18(num_classes=1000):
    model = ResNet(BasicBlock, [2, 2, 2, 2], num_classes)
    return model


# ResNet-50 生成方法
def ResNet-50(num_classes=1000):
    model = ResNet(Bottleneck, [3, 4, 6, 3], num_classes)
    return model
```

以上代码参考了 torchvision. models 模块的 ResNet 网络实现，但简化了其中的一些实现流程。读者也可直接调用 torchvision.models 中的预训练模型，含 ResNet-18 和 ResNet-50：

```
import torchvision.models as models
resnet18 = models.resnet18()
resnet50 = models.resnet50()
```

4.2.3 基于 ResNet-18 的目标分类

与 VGG 网络训练过程一样，定义好网络之后，便可以对 ResNet 网络进行训练：

```
if __name__ == "__main__":
    #定义训练使用的设备
    device = torch.device('cuda' if torch.cuda.is_available() else 'cpu')
    #使用自定义的 ResNet-18() 方法实现 ResNet-18 网络
    net = ResNet-18(num_classes = 10)
    train(net, trainloader, testloader, device, l_r=0.00003, num_epochs=10)
```

第 5 章

基于深度学习的人脸表情识别

本章主要内容：
- 人脸表情数据准备。
- 基于 ResNet 神经网络的人脸表情识别。

5.1 人脸表情数据准备

人脸表情识别是通过神经网络从图像中提取表情特征，并将表情归为某一类别的学习任务，是分类任务的一种实际应用。

在本章中，我们使用 JAFFE（The Japanese Female Facial Expression）数据集。该数据集发布于 1998 年，是一个小型的人脸图像数据集，共包含 213 幅图片。JAFFE 数据集选取了 10 位日本女性，每个人根据指示在实验环境下做出 7 种表情，包括：愤怒（Angry，AN）、厌恶（Disgust，DI）、恐惧（Fear，FE）、高兴（Happy，HA）、悲伤（Sad，SA）、惊讶（Surprise，SU）以及中性（Neutral，NE）。数据集可以从官网（http://www.kasrl.org/jaffe.html）下载获取。

创建项目文件夹后，假设将下载好的数据集放入该项目文件夹中，目录地址为 "./jaffe"。根据实验的需要，先对数据集进行简单的划分，划分后的地址为 "./data/jaffe"，后续训练使用该划分后的目录地址。

首先导入所需要的工具包：

```
import os
import wandb
import random
import shutil
import torch
import torch.nn as nn
import torchvision.transforms as transforms
```

```
from torchvision.datasets import ImageFolder
from torch.utils.data import DataLoader
```

下面对数据集进行划分。数据集按照 4∶1 的比例分别组成互斥的训练集 train 和测试集 test。训练集和测试集的图像都按照类别存储在不同文件夹中，7 个不同的类对应 7 个不同的文件夹。每个类别的图像在训练集和测试集中的比例都是 4∶1，以保持数据划分的一致性。详细代码如下：

```python
#对应其中类别
classes = ['NE','HA','AN','DI','FE','SA','SU']
folder_names = ['train', 'test']
#未划分的数据集地址
src_data_folder = "./jaffe"
#划分后的数据集保存地址
target_data_folder = "./data/jaffe"
#划分比例
train_scale = 0.8
# 在目标目录下创建训练集和验证集文件夹
for folder_name in folder_names:
    folder_path = os.path.join(target_data_folder, folder_name)
    os.mkdir(folder_path)
    # 在 folder_path 目录下创建类别文件夹
    for class_name in classes:
        class_folder_path = os.path.join(folder_path, class_name)
        os.mkdir(class_folder_path)

#获取所有的图片
files = os.listdir(src_data_folder)
data = [file for file in files if file.endswith('tiff') and not file.startswith('.')]
#随机打乱图片顺序
random.shuffle(data)
#统计保存各类图片数量
class_sum = dict.fromkeys(classes, 0)
for file in data:
    class_sum[file[3:5]] += 1

#记录训练集各类别图片的个数
class_train = dict.fromkeys(classes, 0)
```

```
#记录测试集各类别图片的个数
class_test = dict.fromkeys(classes, 0)
#遍历每个图片划分
for file in data:
    #得到原图片目录地址
    src_img_path = os.path.join(src_data_folder, file)
    #如果训练集中该类别个数未达划分数量，则复制图片并分配进入训练集
    if class_train[file[3:5]] < class_sum[file[3:5]]*train_scale:
        target_img_path = os.path.join(os.path.join(target_data_folder, 'train'), file[3:5])
        shutil.copy2(src_img_path, target_img_path)
        class_train[file[3:5]] += 1
    #否则，进入测试集
    else:
        target_img_path = os.path.join(os.path.join(target_data_folder, 'test'), file[3:5])
        shutil.copy2(src_img_path, target_img_path)
        class_test[file[3:5]] += 1


#输出标明数据集划分情况
for class_name in classes:
    print("-" * 10)
    print("{} 类共 {} 张图片 , 划分完成 :".format(class_name, class_sum[class_name]))
    print(" 训练集：{} 张，测试集：{} 张 ".format(class_train[class_name], class_test[class_name]))
```

使用上述代码划分好的数据集格式，如图 5-1 所示。

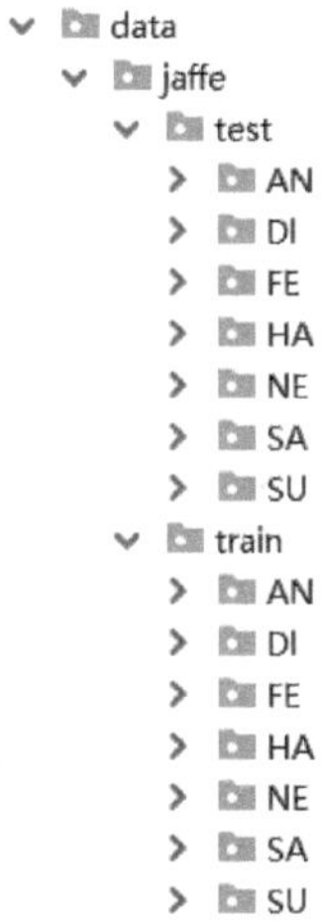

图 5-1　数据集划分后的格式

通过调用 torchvision.transforms 模块，对上述划分的数据集进行预处理，并使用 ImageFolder 数据加载器加载数据。ImageFolder 是一个通用的图像数据加载器，它可以加载如上述格式般分类存储的数据，并对图像类别进行预处理操作。按照分类后文件夹的顺序返回 0 ～ n-1（n 为类别数量）的索引，该索引就是各类别文件夹中图像的分类标签。代码如下：

```
#数据加载及预处理
transform_train = transforms.Compose([
    transforms.Resize(32),
    transforms.RandomHorizontalFlip(),
    transforms.ToTensor(),
    transforms.Normalize((0.5, 0.5, 0.5), (0.5, 0.5, 0.5))
])
transform_test = transforms.Compose([
    transforms.Resize(32),
    transforms.ToTensor(),
    transforms.Normalize((0.5, 0.5, 0.5), (0.5, 0.5, 0.5))
])
#加载数据
train_set = ImageFolder(
    root="./data/jaffe/train",
    transform=transform_train
)
test_set = ImageFolder(
    root="./data/jaffe/test",
    transform=transform_test
)
train_loader = DataLoader(
    train_set, batch_size=8, shuffle=True)
test_loader = DataLoader(
    test_set, batch_size=8, shuffle=False)
```

5.2 基于 ResNet 神经网络的人脸表情识别

5.2.1 网络定义

在本章中，使用 ResNet-18 网络进行训练，详细的 ResNet 网络定义参见第 4 章的 ResNet 网络实现。因为 JAFFE 数据集中只有 7 个类别，所以输出层只需要 7 个神经元，即 num_classes 等于 7。

```
# ResNet-18 生成方法
def ResNet-18(num_classes = 1000):
    model = ResNet(BasicBlock, [2, 2, 2, 2], num_classes)
    return model


net = ResNet-18(num_classes=7)
```

网络也可以调用 PyTorch 中 torchvision.models 模块中集成的 ResNet 网络，通过简单的调用就可以使用，效果与上述代码是相同的。在调用 torchvision.models 模块中的 ResNet 网络时，输出层的 num_classes 参数也需要设置为 7。代码如下：

```
from torchvision.models import ResNet-18
net = ResNet-18(num_classes = 7)
```

5.2.2　整体训练流程

人脸表情识别也是分类任务，训练过程与第 3 章中 MNIST 手写数字识别任务相似，所以使用 3.1 节中训练函数 train() 进行训练即可。在模型的训练过程中，使用 PyTorch 中的 nn.CrossEntropyLoss() 计算损失，使用 Adam 优化器对网络参数进行优化。

以下是人脸表情识别任务的训练代码：

```
if __name__ == "__main__":
    # 定义训练使用的设备
    device = torch.device('cuda' if torch.cuda.is_available() else 'cpu')
    net = ResNet-18(num_classes=7)
    train(net, train_loader, test_loader, device, l_r=0.00003, num_epochs=30)
```

第 6 章

孪生神经网络及人脸验证实战

本章主要内容：
- 孪生神经网络原理。
- 基于孪生神经网络的人脸验证实战。

6.1 孪生神经网络原理

孪生神经网络的英文是"Siamese Network"，它是一种结构简单、功能强大的神经网络结构。所谓的"孪生"就是指网络每次输入一对图像，这是孪生网络的特点。例如，在人脸验证时一般需要输入两幅人脸图像。

孪生网络有两种工作模式：第一种模式是直接输出两幅图像之间的相似度。第二种模式是不输出任何内容，但对特征空间/嵌入学习过程（Embedding Learning）进行了优化。优化之后，通过骨干网络提取到的特征能够使同一类图像的特征之间的距离更近、不同类的特征之间的距离更远，因此第二种模式本质上是一种度量学习技术。两种模式都有各自的应用场景、用武之地。第一种模式直接返回两幅输入图像之间的相似度，可直接用于人脸验证；第二种模式训练结束后，对每幅图像，能够提取到更好的特征，再通过不同图像的特征之间的余弦相似度，确定不同图像（成对图像）之间的相似度，进而也能达到人脸验证/物体匹配的目的。两种模式都具有一定的跨域泛化能力，即便某些人或类别的图像在训练集中没有，在人脸验证/物体匹配时仍有希望对其进行正确比对。

经典的孪生神经网络结构如图 6-1 所示，其特点是：输入两幅图像以及它们是否属于同一个类的标签。标签 1 表示两幅图像（中的物体/人）属于同一个类，标签 0 表示两幅图像不属于同一个类。两幅图像经过同一个骨干网络，提取到图像特征，如 2048 维的特征向量。两幅图像分别对应一个 2048 维的特征，两个特征需要进行某种运算，如直接按位相减、拼接或叠放等。运算结束后，还可设置若干全连接层，最后是输出层（但输出层只有一个神经元），表示两个图像中的物体是否是同一类物体，属于二元分类问题。神经网络的预测值将是 0 ~ 1 之间的一个小数，例如 0.8，这时期望值（标签 1/0）和 0.8 之间就会产生误差。这个误差可以通过损失函数来衡量，得到误差 / 损失后，再进行反向传播，更新骨干网络。损失函数采用 Sigmoid/Binary Cross Entropy 分类损失（BCE 损失）。

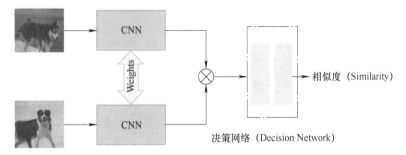

图 6-1　经典的孪生神经网络结构

图 6-2 所示的神经网络结构是度量学习 / 对比损失模式下的孪生神经网络结构，采用的损失函数是对比损失，基于两幅图像特征之间的欧式距离进行度量学习。输入两幅图像，送入骨干网络，分别提取特征，后面再进行若干全连接变换，最终得到两个特征向量，最后通过对比损失函数，进行两幅图像特征之间的损失计算 / 度量学习。

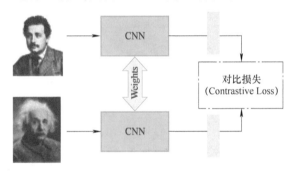

图 6-2　基于孪生神经网络结构的度量学习（基于对比学习）

对比损失的公式如式（6-1）所示。注意，在对比损失中，当两幅图像中的人 / 物体是同一个人 / 同一类物体时，Y 取 0，度量学习期望两幅图像的特征之间的欧式距离越小越好，即 D_W 值越小越好，对应的损失项是 $\frac{1}{2}(D_W)^2$。当两幅图像中的人 / 物体非同一个人 / 同一类物体时，Y 取 1，度量学习期望两幅图像的特征之间的欧式距离越大越好，即 D_W 值越大越好，对应的损失项是 $\frac{1}{2}\{\max(0, m - D_W)\}^2$，$m$ 是边际参数（m 取 1、0.5 或其他值）。总之，通过对比损失公式，能够进行度量学习，最后将得到更好的骨干网络，提取到更好的特征。

$$L = (1 - Y)\frac{1}{2}(D_W)^2 + (Y)\frac{1}{2}\{\max(0, m - D_W)\}^2 \tag{6-1}$$

采用对比损失的孪生神经网络是度量学习网络，本身不输出任何内容，旨在优化骨干网络，使其能够提取到更好的特征，以更加准确地度量两幅图像是否为同一个人 / 同一类物体。

6.2　基于孪生神经网络的人脸验证实战

本节将使用孪生神经网络进行人脸验证。在编写程序之前，首先导入所需要的工具包：

```
# 导入所需的包
import torch
import wandb
import torch.nn as nn
import torchvision.transforms as transforms
from torch.utils.data import DataLoader, Dataset
import matplotlib.pyplot as plt
import torch.nn.functional as F
import torchvision.utils
import numpy as np
import random
from PIL import Image
```

6.2.1　数据准备

本次实验使用的数据集是 AT&T Facedatabase。该数据集包含 400 幅人脸图像，由 40 个人在不同时间、不同光照、不同表情 (睁眼与否，或笑与不笑)、不同人脸细节（戴或不戴眼镜）的环境下采集，每个人采集 10 张照片。从 s1、s2、s3 一直到 s40 文件夹，是指该数据集中每个人的照片分别使用单独的文件夹存放。

首先，随机地将数据集中的 40 个文件夹按照 7∶1 的比例分成两份，分别作为训练集和测试集存放在 train 和 test 文件夹下。划分好训练集和测试集后，通过通用数据加载器 torchvision.datasets.ImageFolder 将数据加载进来。代码如下：

```
# 训练集数据
train_dir = "./data/att_faces/train/"
train_set = torchvision.datasets.ImageFolder(root=train_dir)
# 测试集数据
test_dir = "./data/att_faces/test/"
test_set = torchvision.datasets.ImageFolder(root=test_dir)
```

将所有的图像加载进来之后，我们需要进一步使用这些图像构造两两一组的数据集，这两幅图像可以来自同一个人，也可以来自不同的人。当来自同一个人时，设该组图像的标签为 0；当两幅图像来自不同的人时，设该组图像的标签为 1。我们通过自定义的 SiameseNetworkDataset 类实现该功能。初始化 SiameseNetworkDataset 类时，使用 imageFolderDataset 参数传入加载好的图像，使用 transform 参数传入数据预处理方法。代码如下：

```python
class SiameseNetworkDataset(Dataset):
    def __init__(self, imageFolderDataset, transform=None):
        super().__init__()
        self.imageFolderDataset = imageFolderDataset
        self.transform = transform

    def __len__(self):
        return len(self.imageFolderDataset.imgs)

    def __getitem__(self, index):
        #随机选一幅图像，img0_tuple 的结构是（图像路径，类别）
        img0_tuple = self.imageFolderDataset.imgs[index]
        #保证同类样本约占一半
        should_get_same_class = random.randint(0, 1)

        if should_get_same_class:
            while True:
                #直到找到同一类别
                img1_tuple = random.choice(self.imageFolderDataset.imgs)
                if img0_tuple[1] == img1_tuple[1]:
                    break
        else:
            while True:
                #直到找到非同一类别
                img1_tuple = random.choice(self.imageFolderDataset.imgs)
                if img0_tuple[1] != img1_tuple[1]:
                    break
        #读取图像
        img0 = Image.open(img0_tuple[0]).convert("L")
        img1 = Image.open(img1_tuple[0]).convert("L")
        #数据变换
        if self.transform is not None:
            img0 = self.transform(img0)
```

```
        img1 = self.transform(img1)
        label = torch.from_numpy(np.array([int(img1_tuple[1] != img0_tuple[1])], dtype=np.float32))
        return img0, img1, label
```

使用 SiameseNetworkDataset 类得到需要的数据集格式之后，就可以生成 Dataloader 对象，以便按照 batch_size 的大小使用数据，代码如下：

```
#数据预处理
transform = transforms.Compose([transforms.Resize((108, 108)), transforms.ToTensor()])
#训练集
siamese_dataset_train = SiameseNetworkDataset(
        imageFolderDataset=train_set,
        transform=transform
)
train_loader = DataLoader(siamese_dataset_train, shuffle=True, batch_size=32)
#测试集
siamese_dataset_test = SiameseNetworkDataset(
        imageFolderDataset=test_set,
        transform=transform
)
test_loader = DataLoader(siamese_dataset_test, shuffle=False, batch_size=8)
```

至此，数据的准备工作完成。除此之外，还要定义一个 imshow 函数，用来展示两幅图像之间的相似度结果，代码如下：

```
#用来展示一幅 tensor 图像，输入是 (C,H,W)
def imshow(img,text=None):
        npimg = img.numpy()
        plt.axis("off")
        #设置插入的文本格式
        if text:
            plt.text(75, 8, text, style='italic',fontweight='bold', bbox={'facecolor':'white', 'alpha':0.8, 'pad':10})
        plt.imshow(np.transpose(npimg, (1, 2, 0)))
        plt.show()
```

6.2.2　孪生神经网络实现

下面实现孪生神经网络模型。该孪生神经网络的主干部分使用类似 AlexNet 的简单卷积网络，包含 4 个卷积层和 3 个全连接层。孪生网络的两个分支共享参数。代码如下：

```python
#构造孪生网络
class SiameseNetwork(nn.Module):
    def __init__(self):
        super().__init__()
        self.conv = nn.Sequential(
            #输入（108, 108）的图像，输出大小是（54, 54）
            nn.Conv2d(1, 4, kernel_size=3, stride=2, padding=1),
            nn.BatchNorm2d(4),
            nn.ReLU(inplace=True),
            #输出大小是（52, 52）
            nn.Conv2d(4, 8, kernel_size=3),
            nn.BatchNorm2d(8),
            nn.ReLU(inplace=True),
            #输出大小是（26, 26）
            nn.Conv2d(8, 16, kernel_size=3, stride=2, padding=1),
            nn.BatchNorm2d(16),
            nn.ReLU(inplace=True),
            #输出大小：（24, 24）
            nn.Conv2d(16, 32, kernel_size=3),
            nn.BatchNorm2d(32),
            nn.ReLU(inplace=True),
        )
        self.fc = nn.Sequential(
            nn.Linear(32 * 24 * 24, 500),
            nn.ReLU(inplace=True),
            nn.Linear(500, 500),
            nn.ReLU(inplace=True),
            nn.Linear(500, 5))

    #单个分支的前向传播
    def forward_once(self, x):
        output = self.conv(x)
        output = output.view(output.size()[0], -1)
        output = self.fc(output)
        return output

    #前向传播
```

```
def forward(self, input1, input2):
    output1 = self.forward_once(input1)
    output2 = self.forward_once(input2)
    return output1, output2
```

6.2.3 损失函数实现

在本次实验中，使用对比损失（Contrastive Loss）函数进行损失计算（度量学习），如式（6-1）所示。该损失函数可以很好地表达成对样本的匹配程度。在该实验中，$y = 0$ 表示图像来自同一个人，相似；$y = 1$ 表示图像来自不同的人，即不相似。所以，当 $y = 0$（即样本相似）时，损失就是类内损失，样本之间在特征空间的欧式距离越小，损失值越小；而当 $y = 1$（即样本不相似）时，损失就是类间损失，样本之间在特征空间的欧式距离越大，则损失值越小。代码如下：

```
# Contrastive Loss
def ContrastiveLoss(output1, output2, label, margin = 2.0):
    #欧氏距离
    euclidean_distance = F.pairwise_distance(output1, output2, keepdim=True)
    #类内损失
    within_loss = (1 - label) * torch.pow(euclidean_distance, 2)
    #类间损失
    between_loss = label * torch.pow(torch.clamp(margin - euclidean_distance, min=0.0), 2)
    loss_contrastive = torch.mean(within_loss + between_loss)
    return loss_contrastive
```

6.2.4 整体训练流程

模型通过自定义 train() 方法进行训练，在模型的训练过程中，使用对比损失函数计算损失，使用 Adam 优化器对网络参数进行优化。在训练的过程中，会通过 wandb 记录每个 Step 的损失，并在每个 Epoch 结束时，输出显示该 Epoch 整体的平均损失。代码如下：

1. 定义训练方法

```
#定义网络的预训练
def train(net, train_loader, test_loader, criterion, device, num_epochs, l_r=0.0001):
    # 使用 wandb 跟踪训练过程
    experiment = wandb.init(project='SiameseNetwork', resume='allow', anonymous='must')
```

```
#将网络移动到指定设备
net = net.to(device)
#定义优化器
optimizer = torch.optim.Adam(net.parameters(), lr=l_r)
for epoch in range(num_epochs):
    #保存一个 epoch 的损失
    train_loss = 0
    test_loss = 0
    #设置模型为训练模式
    net.train()
    for step, (img0, img1, label) in enumerate(train_loader):
        #训练使用的数据移动到指定设备
        img0, img1, label = img0.to(device), img1.to(device), label.to(device)
        output0, output1 = net(img0, img1)
        #计算损失
        loss = criterion(output0, output1, label)
        optimizer.zero_ grad()
        loss.backward()
        optimizer.step()
        train_loss += loss.item()


    net.eval()
    for step, (img0, img1, label) in enumerate(test_loader):
        #训练使用的数据移动到指定设备
        img0, img1, label = img0.to(device), img1.to(device), label.to(device)
        output0, output1 = net(img0, img1)
        #计算损失
        loss = criterion(output0, output1, label)
        test_loss += loss.item()
    #使用 wandb 保存需要可视化的数据
    experiment.log({
        'epoch': epoch,
        'train loss': train_loss / len(train_loader),
        'test loss': test_loss / len(test_loader),
    })
    print('epoch: {}/{}'.format(epoch, num_epochs - 1))
    print('{} Train Loss:{:.4f}, Test Loss{:.4f}'.format(epoch, train_loss / len(train_loader),
```

```
        test_loss / len(test_loader)))
    # 保存此 epoch 训练的网络的参数
    torch.save(net.state_dict(), './SiameseNetwork.pth')
```

2. 训练过程

上述数据集、模型、训练方法定义好之后，将孪生神经网络、训练数据集、损失函数以及其他超参数传入训练方法 train() 中，运行程序就可以开始训练了。

```
if __name__ == '__main__':
    device = torch.device('cuda:0' if torch.cuda.is_available() else 'cpu')
    net = SiameseNetwork()
    # 训练过程
    train(net, train_loader, test_loader, contrastiveLoss, device, l_r=0.0001, num_epochs=200)
```

6.2.5　效果展示

在测试集数据上，通过定义的 imshow 函数，可以直观地看出训练后的网络对两幅图像相似度的判断情况，只需要运行下列代码：

```
# 使用测试集数据，查看网络对图像组的相似度判断
dataiter = iter(testloader)
x0, x1, label2 = next(dataiter)
# 加载预训练权重
net.load_state_dict(torch.load('SiameseNetwork.pth', map_location=torch.device('cpu')))
# 对一个 batch 的图像查看相似度判断
for i in range(x0.size(0)):
    img0, img1 = x0[i], x1[i]
    img0 = torch.unsqueeze(img0, 0)
    img1 = torch.unsqueeze(img1, 0)
    output1, output2 = net(img0, img1)
    # 利用欧氏距离计算相似度
    euclidean_distance = F.pairwise_distance(output1, output2)
    concatenated = torch.cat((img0, img1), dim=0)
    # 展示图像
    imshow(torchvision.utils.make_grid(concatenated),
            'Dissimilarity: {:.2f}'.format(euclidean_distance.item()))
```

在上面的代码中，计算了一组图像的不相似度（距离）。使用 Dissimilarity 值（euclidean_

distance）判断图像间的相似性，值越高，表明两幅图像之间的相似性越低；反之，则表明两幅图像之间的相似性越高。示例结果如图 6-3 所示。

图 6-3　基于孪生神经网络的度量学习训练结束后，成对图像之间的相似性计算

第 7 章

CosFace 损失函数原理及人脸识别实战

本章主要内容：

- CosFace 损失函数原理。
- 基于 CosFace 的人脸识别实战。

7.1 CosFace

CosFace 损失函数发表在 CVPR 2018 上。在介绍 CosFace 之前，先介绍余弦相似度。余弦相似度作用于两个相同维度的向量之间。如式（7-1）所示，对于 x 和 y 两个向量，其余弦相似度等于它们进行点乘再除以各自的范数的乘积。注意，此处的范数有很多种，有一维范数、二维范数等。如果是一维范数的话，那么就是向量的所有元素相加的和；二维范数是更常见的情况，其范数是向量的每个元素的平方相加求和，再开根号。

$$\text{sim}(X,Y) = \cos\theta = \frac{x \cdot y}{\|x\| \cdot \|y\|} \tag{7-1}$$

介绍了余弦相似度后，下面介绍 CosFace 损失的神经网络计算过程，如图 7-1 所示。不同于前述的其他损失函数，CosFace 损失不只作用于输出层，还作用于输出层和最后一个隐层之间。输出层的每一个神经元都与它前一层（最后一个隐层）的所有神经元相连，分别得到一个 512 维的权值向量 w，令最后一个隐层神经元的值组成向量 x（如图 7-1 中，x 的维度是 512）。

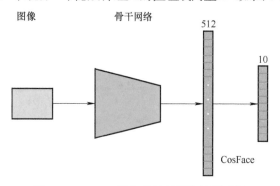

图 7-1 CosFace 损失的神经网络计算过程

　　与通常情况下输出层神经元值的计算过程的不同之处在于：CosFace 损失在实际计算时，要求 $\boldsymbol{w}^{\mathrm{T}}$ 除以其范数，$\boldsymbol{x}$ 除以其范数。而通常情况下是直接将 $\boldsymbol{w}^{\mathrm{T}}$ 与 $\boldsymbol{x}$ 相乘，因为 $\boldsymbol{w}^{\mathrm{T}}$ 的每个组成向量 $\boldsymbol{w}$ 是每个输出层的神经元与它前一层的神经元之间的权值组成的向量，而 CosFace 在此基础上还要除以 $\boldsymbol{w}^{\mathrm{T}}$ 和 $\boldsymbol{x}$ 各自的范数，这样一来，其物理意义变成了求两个向量之间的余弦相似度。这也是该损失的命名缘由。

　　采用 CosFace 时，主要变化是输出层的每个神经元对应的权值向量 $\boldsymbol{w}^{\mathrm{T}}$ 需要除以其范数，且最后一个隐层的神经元的值组成的向量 $\boldsymbol{x}$ 也要除以其范数。例如，对输出层的第一个神经元与最后一个隐层的所有神经元之间形成的权值向量 $\boldsymbol{w}_1$，需要除以 $\boldsymbol{w}_1$ 的范数。最后一个隐层的神经元的值组成的向量 $\boldsymbol{x}$，也需要除以 $\boldsymbol{x}$ 的范数。最后，输出层的第一个神经元的值即为 $\dfrac{\boldsymbol{w}_1 \cdot \boldsymbol{x}}{\|\boldsymbol{w}_1\| \cdot \|\boldsymbol{x}\|}$。类似地，可以计算输出层的第 2 个、第 3 个，直至第 10 个神经元的值。由于其计算形式与余弦相似度形式类似，故称为 CosFace 损失，记作 $\cos(\theta_1)$, $\cos(\theta_2)$, $\cos(\theta_3)$, $\cdots$, $\cos(\theta_{10})$。而事实上，CosFace 并没有求余弦夹角。

　　接下来，在输出层，对输入样本对应的神经元值进行边际处理。如图 7-2 所示，假设当前输入样本的真实类别是第三个类别，那么也就是将第三个元素值 $\cos(\theta_3)$ 减去边际参数 m，而其他值保持不变。在进行边际处理之后，得到了一个新的 z 向量，这个向量的特点是真实的类别对应的神经元值 $\cos(\theta_3)$ 减去了边际参数 m。

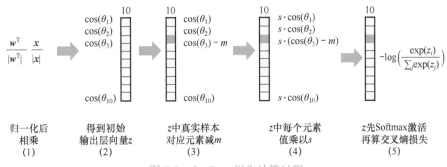

图 7-2　CosFace 损失计算过程

　　然后，输出层的每个神经元的值再乘以参数 s，得到最终的输出层的向量 z。原作者进行实验时，边际参数 m 取值为 0.35，s 取值为 30。最终，得到一个新的输出层的预测向量 z，然后再对这个向量进行 Softmax 激活以及交叉熵损失计算。

　　输出向量的真实类别对应的元素值减去边际参数 m 的目的是更加清晰地区分不同类别的样本，如图 7-3 所示。后面又将所有元素值乘以 s 的原因是余弦值较小，乘以 s 可以让向量中的元素值变得相对较大。最终的 CosFace 损失公式如式（7-2）所示，其中 $\cos(\theta_{y_i,i})$ 便是通过前文介绍的 $\dfrac{\boldsymbol{w}^{\mathrm{T}}}{\|\boldsymbol{w}^{\mathrm{T}}\|} \dfrac{\boldsymbol{x}}{\|\boldsymbol{x}\|}$ 得到的。

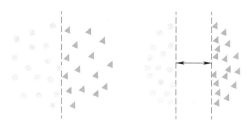

图 7-3　边际参数 m 的作用示意图

$$L_{\text{CosFace}} = \frac{1}{N} \sum_i -\log \frac{e^{s(\cos(\theta_{y_i,i})-m)}}{e^{s(\cos(\theta_{y_i,i})-m)} + \sum_{j \neq y_i} e^{s\cos(\theta_{j,i})}}$$

（7-2）

7.2　基于 CosFace 的人脸识别实战

CosFace 损失在人脸识别、物体分类等任务中具有很好的效果。本节通过 ResNet 网络和 CosFace 损失实现 AT&T Facedatabase 的人脸识别任务。

在编写程序之前，首先导入所需要的工具包：

```
#导入所需要的包
import torch
import wandb
import torchvision
import torch.nn as nn
from torch.nn import Parameter
import torch.nn.functional as F
from torch.utils.data import DataLoader, random_split
import torchvision.transforms as transforms
```

7.2.1　数据准备

在本次的实验中，使用 AT&T Facedatabase 数据集。首先，对数据集直接使用通用数据加载器 torchvision.datasets.ImageFolder 将数据全部加载进来，使用 transform 参数进行数据预处理，得到数据集合 dataset。之后，随机地将数据集合 dataset 分割成给定长度的、互不重合的两部分，分别为训练集和测试集。训练集和测试集的比例为 9∶1。代码如下：

```
''' 数据准备 '''
transform = transforms.Compose([
```

```
        transforms.Resize(size=100),
        transforms.ToTensor(),
        transforms.Normalize(mean=(0.5, 0.5, 0.5), std=(0.5, 0.5, 0.5))
])
data_dir = "./data/att_faces/"    # 数据集地址
dataset = torchvision.datasets.ImageFolder(root=data_dir, transform=transform)


test_rate = 0.1 # 测试集占比
n_test= int(len(dataset) * test_rate)
n_train = len(dataset) - n_test
# 随机将数据集分割成给定长度不重叠的训练集和测试集
train_set, test_set = random_split(dataset, [n_train, n_test], generator=torch.Generator().manual_seed(0))


train_loader = DataLoader(
        train_set,
        shuffle=True,
        batch_size=8
)
test_loader = DataLoader(
        test_set,
        shuffle=False,
        batch_size=8
)
```

7.2.2　损失计算

在本次实验中，使用 CosFace 损失函数进行损失的计算。CosFace 损失中，cosine 值的计算需要使用输出层各类对应的权重向量。故需要构建一个 CosineMarginProduct 类以计算 cosine 值。代码如下：

```
class CosineMarginProduct(nn.Module):
    def __init__(self, in_features, out_features, s=30.0, m=0.40):
        super(CosineMarginProduct, self).__init__()
        self.in_features = in_features
        self.out_features = out_features
        self.s = s
        # margin
```

```
        self.m = m
        # 权重
        self.weight = Parameter(torch.FloatTensor(out_features, in_features))
        # 初始化权重
        nn.init.xavier_uniform_(self.weight)

        # 前向计算
    def forward(self, input, label, device):
        cosine = F.linear(F.normalize(input), F.normalize(self.weight))
        one_hot = torch.zeros(cosine.size(), device=device)
        one_hot.scatter_(1, label.view(-1, 1).long(), 1)
        output = (one_hot * (cosine - self.m)) + ((1.0 - one_hot) * cosine)
        output *= self.s
        return output
```

其中的关键代码为 cosine = F.linear(F.normalize(input), F.normalize(self.weight))。归一化后的特征数据与权值矩阵相乘，得到 cosine 值（余弦值）向量，再使用 one_hot 标签挑选出需要减去 m 的元素，其他位置的元素值保持不变，即 (one_hot * (cosine - self.m)) + ((1.0 - one_hot) * cosine)。然后再统一乘以扩展系数 s。

对处理后的特征向量，送入 nn.CrossEntropyLoss（即交叉熵损失，包含 Softmax），得到的损失值就是 CosFace 损失值。

7.2.3 整体训练流程

模型使用 torchvision.models 模块中带有的 ResNet 网络，通过自定义 train() 方法进行训练，在模型的训练过程中，使用 CosFace 损失函数计算损失，使用 SGD 优化器同时对网络参数和 margin 参数进行优化。具体代码如下：

1. 定义训练方法

```
# 定义网络的预训练
def train(net, margin, train_loader, test_loader, device, l_r=0.001, num_epochs=25):
    # 使用 wandb 跟踪训练过程
    experiment = wandb.init(project='CosFace', resume='allow', anonymous='must')
    # 定义损失函数
    criterion = nn.CrossEntropyLoss()
```

```python
# 将网络移动到指定设备
net = net.to(device)
margin = margin.to(device)
# 定义优化器
optimizer = torch.optim.Adam([{'params': net.parameters()}, {'params': margin.parameters()}],
                             lr=l_r,   weight_decay=5e-4)
# 正式开始训练
for epoch in range(num_epochs):
    # 保存一个 Epoch 的损失
    train_loss = 0
    # 计算准确度
    test_corrects = 0
    # 设置模型为训练模式
    net.train()
    for step, (imgs, labels) in enumerate(train_loader):
        # 训练使用的数据移动到指定设备
        imgs = imgs.to(device)
        labels = labels.to(device)
        features = net(imgs)
        # 计算 cosine 值
        output = margin(features, labels, device)
        # 计算损失
        loss = criterion(output, labels)
        # 将梯度清零
        optimizer.zero_grad()
        # 将损失进行后向传播
        loss.backward()
        # 更新网络参数
        optimizer.step()
        train_loss += loss.item()
    # 设置模型为验证模式
    net.eval()
    for step, (imgs, labels) in enumerate(test_loader):
        # 训练使用的数据移动到指定设备
        imgs = imgs.to(device)
        labels = labels.to(device)
        features = net(imgs)
```

```
                    #计算 cosine 值
                    output = margin(features, labels, device)
                    pre_lab = torch.argmax(output, 1)
                    corrects = (torch.sum(pre_lab == labels.data).double() / imgs.size(0))
                    test_corrects += corrects.item()
            #一个 Epoch 结束时，使用 wandb 保存需要可视化的数据
            experiment.log({
                'epoch':epoch,
                'train loss': train_loss / len(train_loader),
                'test acc': test_corrects / len(test_loader)
            })
            print(test_corrects)
            print('Epoch: {}/{}'.format(epoch, num_epochs-1))
            print('{} Train Loss:{:.4f}'.format(epoch, train_loss / len(train_loader)))
            print('{} Test Acc:{:.4f}'.format(epoch, test_corrects / len(test_loader)))
            #保存此 Epoch 训练的网络的参数
            torch.save(net.state_dict(), './CosFace.pth')
```

2. 训练过程

在本次实验中，使用 torchvision.models 模块中集成的预训练 ResNet 网络进行模型训练，将 CosineMarginProduct 实例、训练数据集、测试数据集以及其他超参数传入训练方法 train() 中，运行程序开始训练。代码如下：

```
if __name__ == "__main__":
    device = torch.device('cuda:0' if torch.cuda.is_available() else 'cpu')
    #使用 torchvision.models 模块中集成的预训练好的 ResNet 网络
    net = torchvision.models.resnet18(pretrained=True)
    margin = CosineMarginProduct(in_features=1000, out_features=35)
    #开始训练
    train(net, margin, train_loader, test_loader, device, l_r=0.001, num_epochs=25)
```

7.2.4 效果展示

如图 7-4 所示，经过 25 个 Epoch 的训练，通过查看 wandb 的可视化数据，可以得到训练过程中的损失变化以及分类准确度变化情况。

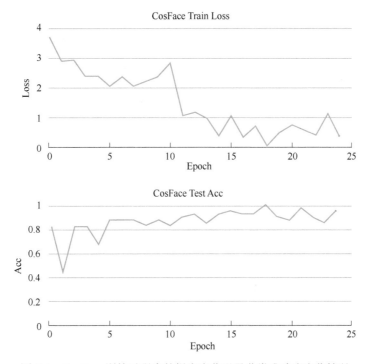

图 7-4　CosFace 训练过程中的损失变化以及分类准确度变化情况

第 8 章

蒸馏学习原理及实战

本章主要内容：

- 蒸馏网络原理。
- 知识蒸馏实战。

8.1 知识蒸馏原理

8.1.1 蒸馏网络的神经网络结构

蒸馏网络的英文叫"Distillation Network"，是 Hinton 在 2015 年提出的算法。蒸馏网络的神经网络结构如图 8-1 所示。

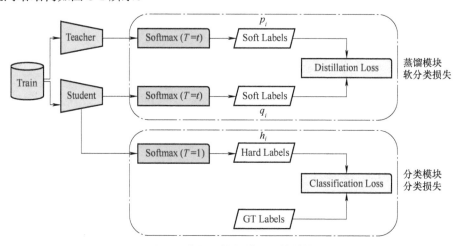

图 8-1 蒸馏网络的神经网络结构

图 8-1 中，蒸馏网络主要包括两个模块，涉及两个模型。其中，Teacher 模型是事先已训练好的模型，例如使用其他数据集训练出来的、效果较好的模型，称作教师模型；Student 模型是刚初始化（如 He 初始化）后的模型，该模型的权值还没有根据当前数据和

应用优化，称作学生模型。蒸馏网络的两个模块是蒸馏模块和分类模块。

　　蒸馏网络的目标是：经过蒸馏学习，将一个或多个 Teacher 模型中的知识迁移到 Student 网络中，使得 Student 模型的参数得到优化，性能得到增强。例如，第一次先用 Teacher1 模型教 Student 模型；第二次再用 Teacher2 模型教 Student 模型，以此类推。就像学生学习一样，若有 10 个老师教学生，每个老师教学生一种技能 / 能力，那么学生可以通过 10 个老师学到 10 种技能 / 能力。最后，因为学生学会了 10 种技能，会变得非常强大。总之，通过蒸馏学习，能够将多个 Teacher 模型的知识集成、迁移到 Student 模型中，性能将不断提升。

8.1.2　蒸馏学习过程

　　本节介绍蒸馏学习的训练流程。蒸馏网络的两个模块是蒸馏模块和分类模块。对于训练集（Train）中的每一个样本，首先将其送入 Teacher 模型中（Teacher 模型是已经训练好了的模型，不进行权值更新），Teacher 模型将输出 logit 向量 /Softmax 激活前的预测结果向量。该 logit 向量随后送入带温度的 Softmax 激活函数，令神经元 i 激活后的值为 p_i，表示 Teacher 模型预测的输入样本属于第 i 类的概率。由于使用了带温度的 Softmax 激活函数，logit 向量激活后的结果称为软标签（Soft Labels），p_i 便是第 i 类对应的软标签。带温度的 Softmax 中，logit 向量中的每个值除以整数 T 后，再代入其公式。

　　同一个输入样本还要经过 Student 模型，Student 模型将输出对应的 logit 向量，该 logit 向量将经过 Student 模型的上下两个分支，分别进行带温度的 Softmax 激活和普通的 Softmax 激活，对应两个激活后的 logit 向量 / 预测结果向量，q_i 和 h_i 分别表示两个预测结果向量中输入样本在第 i 类上的预测概率。

　　然后，在蒸馏模块，计算 Teacher 模型和 Student 模型基于带温度的 Softmax 激活函数得到的预测概率之间的差异，这个差异称作蒸馏损失（Distillation Loss），记作 L_D。损失计算方法有多种，例如可以将样本在每个类上的预测概率按位相减，如第 i 个类上的预测概率 p_i 和 q_i 之间的差异。当两个概率完全一样的时候，就表明 Student 模型在第 i 类上的预测结果与 Teacher 模型相同。当然，还有其他更先进的损失函数，尤其是 KL 散度，此时期望 Student 模型对样本的预测概率 / 预测值与 Teacher 模型的预测概率 / 预测值越接近越好。蒸馏模块的损失又称为软分类损失。

$$L_C = -\log(h_t) \tag{8-1}$$

$$L = \alpha L_D + \beta L_C \tag{8-2}$$

　　在分类模块，输入样本经过 Student 模型，得到 logit 预测向量，使用普通的 Softmax 激活后，将得到一个预测概率向量，h_i 表示输入样本在第 i 类上的预测概率。蒸馏网络的分类模型就是普通的分类过程，使用普通的 Cross-Entropy 损失 / 交叉熵损失即可，如式（8-1）所示。令 h_t 表示输入样本在真实类别上的预测概率，计算该样本的分类损失（Classification Loss）时，利用式（8-1），即 Cross-Entropy 损失函数，就可以计算该样本对应的分类损失，损失值为 $-\log(h_t)$。分类模块的损失又称为硬分类损失。

Student 网络的最终损失包括上面两部分，即蒸馏损失（软分类损失）和分类损失（硬分类损失），如式（8-2）所示。得到总损失 L 后，便可对 Student 网络进行权值更新。

训练阶段结束后，蒸馏网络最终将得到训练好的 Student 模型，该模型可直接用于分类（硬分类）任务：输入测试图像，Student 模型将预测该输入图像属于不同类别的概率。

8.2 知识蒸馏实战

本节将进行知识蒸馏实战。首先，使用 LeNet-5 在 CIFAR10 数据集上进行训练，由于网络简单，故效果不够理想。其次，使用 ResNet-18 在 CIFAR10 数据集上训练，其效果较 LeNet-5 好一些。最后，以基于 ResNet-18 训练的模型作为教师模型，以基于 LeNet-5 训练的模型作为学生模型，通过蒸馏学习提高基于 LeNet-5 的模型的分类性能。

为了公平比较，学生模型和教师模型训练过程使用的学习率、Epoch 数量等超参数设置相同。

在编写程序之前，首先导入所需的工具包：

```python
# 导入所需的包
import torch
import torch.nn.functional as F
import wandb
import torch.nn as nn
from torchvision import transforms, models
from torch.utils.data import DataLoader
from torchvision.datasets import CIFAR10
```

8.2.1 训练学生模型

下面将使用 LeNet-5 神经网络在 CIFAR10 数据集上训练分类模型。CIFAR10 中的图像为彩色图像，有 3 个通道，故需要将 LeNet-5 的第一个卷积层的输入通道数量改为 3。代码如下：

```python
#定义 LeNet-5 网络
class LeNet5(nn.Module):
    def __init__(self):
        super(LeNet5, self).__init__()
        #输入 3×32×32 的 CIFAR10 图像，经过卷积后输出大小为 6×28×28
        self.conv1 = nn.Conv2d(in_channels=3, out_channels=6, kernel_size=(5, 5), stride=1, bias=True)
        #卷积操作后使用 Tanh 激活函数，激活函数不改变其大小
        self.tanh1 = nn.Tanh()
        #使用最大池化进行下采样，输出大小为 6×14×14
        self.pool1 = nn.MaxPool2d(kernel_size=(2, 2),stride=2)
        #输出大小为 16×10×10
        self.conv2 = nn.Conv2d(in_channels=6, out_channels=16, kernel_size=(5, 5), stride=1, bias=True)
        self.tanh2 = nn.Tanh()
        #输出大小为 16×5×5
        self.pool2 = nn.MaxPool2d(kernel_size=(2, 2), stride=2)
        #两个卷积层和最大池化层后接三个全连接层
        self.fc1 = nn.Linear(16*5*5, 120)
        self.tanh3 = nn.Tanh()
        self.fc2 = nn.Linear(120, 84)
        self.tanh4 = nn.Tanh()
        #第三个全连接层是输出层，输出单元个数即是数据集中类的个数，CIFAR1 数据集有 10 个类
        self.classifier = nn.Linear(84, 10)
    #定义前向传播过程
    def forward(self, x):
        x = self.conv1(x)
        x = self.tanh1(x)
        x = self.pool1(x)
        x = self.conv2(x)
        x = self.tanh2(x)
        x = self.pool2(x)
        #在全连接操作前将数据平展开
        x = x.view(x.size(0), -1)
        x = self.fc1(x)
        x = self.tanh3(x)
        x = self.fc2(x)
        x = self.tanh4(x)
        output = self.classifier(x)
        return output
```

训练 50 个 Epoch，学习率为 0.0003，训练过程如下：

```
# 定义网络的预训练
def train(net, train_loader, test_loader, device, l_r=0.0003, num_epochs=50):
    # 使用 wandb 跟踪训练过程
    experiment = wandb.init(project='Knowledge_Distillation', name='student_lenet5_before',
    resume='allow', anonymous='must')
    # 定义损失函数
    criterion = nn.CrossEntropyLoss()
    # 定义优化器
    optimizer = torch.optim.Adam(net.parameters(), lr=l_r)
    # 将网络移动到指定设备
    net = net.to(device)
    # 正式开始训练
    for epoch in range(num_epochs):
        # 保存一个 Epoch 的损失
        train_loss = 0
        # 计算准确度
        test_corrects = 0
        # 设置模型为训练模式
        net.train()
        for step, (imgs, labels) in enumerate(train_loader):
            # 训练使用的数据移动到指定设备
            imgs = imgs.to(device)
            labels = labels.to(device)
            output = net(imgs)
            # 计算损失
            loss = criterion(output, labels)
            # 将梯度清零
            optimizer.zero_grad()
            # 将损失进行后向传播
            loss.backward()
            # 更新网络参数
            optimizer.step()
            train_loss += loss.item()
        # 设置模型为验证模式
        net.eval()
        for step, (imgs, labels) in enumerate(test_loader):
```

```
                imgs = imgs.to(device)
                labels = labels.to(device)
                output = net(imgs)
                pre_lab = torch.argmax(output, 1)
                corrects = (torch.sum(pre_lab = = labels.data).double() / imgs.size(0))
                test_corrects += corrects.item()
            # 一个 Epoch 结束时，使用 wandb 保存需要可视化的数据
            experiment.log({
                'epoch': epoch,
                'train loss': train_loss / len(train_loader),
                'test acc': test_corrects / len(test_loader),
            })
            # scheduler.step()
            print('Epoch: {}/{}'.format(epoch, num_epochs - 1))
            print('{} Train Loss:{:.4f}'.format(epoch, train_loss / len(train_loader)))
            print('{} Test Acc:{:.4f}'.format(epoch, test_corrects / len(test_loader)))
            # 保存此 Epoch 训练的网络的参数
            torch.save(net.state_dict(), './KD_lenet5_before.pth')
if __name__ == "__main__":
    device = torch.device('cuda' if torch.cuda.is_available() else 'cpu')
    net = LeNet5()
    train (net,trainloader, testloader, device, l_r=0.0003, num_epochs=50)
```

8.2.2　训练教师模型

接下来使用更加复杂的 ResNet-18 神经网络，在同样的参数设置下进行训练。可直接使用 torchvision 包中实现的 ResNet-18 模型，按照上节中的训练方法，训练 50 个 Epoch，学习率为 0.0003。

8.2.3　蒸馏学习的损失函数

蒸馏学习的损失函数由两部分组成：一是学生模型对图像的预测结果与真实标注之间的交叉熵损失；二是教师模型对图像的预测软标签和学生模型的预测输出之间的蒸馏损失。

蒸馏损失使用 KL 散度来计算。具体而言，教师模型的输出经过带温度的 Softmax 激活，而学生模型的输出经过带温度的 Softmax 激活后再取对数，最后用 KL 散度来衡量两个预测输出之间的差异。

```python
class DistillKL(nn.Module):
    def __init__(self, T):
        super(DistillKL, self).__init__()
        # 定义蒸馏温度系数
        self.T = T
    def forward(self, y_s, y_t):
        # 学生模型的输出在相对高温（T）下经过 Softmax，并取对数
        p_s = F.log_softmax(y_s / self.T, dim=1)
        # 教师模型的输出在相对高温（T）下经过 Softmax
        p_t = F.softmax(y_t / self.T, dim=1)
        # 计算 p_s 和 p_t 之间的 KL 散度
        loss = F.kl_div(p_s, p_t, size_average=False) * (self.T ** 2) / y_s.shape[0]
        return loss
```

8.2.4　蒸馏学习过程

1.　定义训练方法

```python
# 定义网络的预训练
def train_KD(student_model, teacher_model, alpha, temperature, train_loader, test_loader, device, l_r=0.0003, num_epochs=10 ):
    # 使用 wandb 跟踪训练过程
    experiment = wandb.init(project='Knowledge_Distillation', name='student_lenet5_after', resume='allow', anonymous='must')
    # 定义损失函数
    ce_loss = nn.CrossEntropyLoss()
    distill_loss = DistillKL(T= temperature)
    # 定义优化器
    optimizer = torch.optim.Adam(student_model.parameters(), lr=l_r)
    # 将网络移动到指定设备
    student_model = student_model.to(device)
    teacher_model = teacher_model.to(device)
    # 正式开始训练
    for epoch in range(num_epochs):
        # 保存一个 Epoch 的损失
        train_loss = 0
        # 计算准确度
        test_corrects = 0
```

```python
# 设置模型为训练模式
student_model.train()
for step, (imgs, labels) in enumerate(train_loader):
    # 训练使用的数据移动到指定设备
    imgs = imgs.to(device)
    labels = labels.to(device)
    output_student = student_model(imgs)
    with torch.no_grad():
        output_teacher = teacher_model(imgs)
    # 计算损失
    loss = alpha * distill_loss(output_student,output_teacher) + (1-alpha)*
                        ce_loss(output_student, labels)
    # 将梯度清零
    optimizer.zero_grad()
    # 将损失进行后向传播
    loss.backward()
    # 更新网络参数
    optimizer.step()
    train_loss += loss.item()
# 设置模型为验证模式
student_model.eval()
for step, (imgs, labels) in enumerate(test_loader):
    imgs = imgs.to(device)
    labels = labels.to(device)
    output = student_model(imgs)
    pre_lab = torch.argmax(output, 1)
    corrects = (torch.sum(pre_lab == labels.data).double() / imgs.size(0))
    test_corrects += corrects.item()
# 一个 Epoch 结束时，使用 wandb 保存需要可视化的数据
experiment.log({
    'epoch': epoch,
    'train loss': train_loss / len(train_loader),
    'test acc': test_corrects / len(test_loader),
})
print('Epoch: {}/{}'.format(epoch, num_epochs - 1))
print('{} Train Loss:{:.4f}'.format(epoch, train_loss / len(train_loader)))
print('{} Test Acc:{:.4f}'.format(epoch, test_corrects / len(test_loader)))
# 保存此 Epoch 训练的网络的参数
torch.save(student_model.state_dict(), './ KD_lenet5_after.pth')
```

2. 训练过程

使用 LeNet-5 模型进行训练，将其视为学生模型。而将 ResNet-18 作为教师模型，并且前面训练好的模型参数文件加载进来。将学生模型、教师模型及相关超参数准备好后，传入训练方法 train_KD() 中，开始蒸馏学习的训练。代码如下：

```python
if __name__ == "__main__":
    #定义训练使用的设备
    device = torch.device('cuda' if torch.cuda.is_available() else 'cpu')
    #定义教师模型
    teacher_net = teacher_ResNet-18
    #定义学生模型
    student_net = LeNet5()
    #教师模型加载提前训练好的模型参数
    teacher_net.load_state_dict(torch.load('./ResNet-18.pth'), strict = True)
    #蒸馏过程中的温度系数
    temperature = 2.0
    #蒸馏过程中损失函数的平衡因子
    alpha = 0.5
    #开始训练
    train_KD(teacher_net,student_net, alpha, temperature, trainloader, testloader, device, l_r=0.0003, num_epochs=50)
```

8.2.5 效果展示

图 8-2 展示了知识蒸馏后的 LeNet-5 模型的效果，其准确度超过了蒸馏前的效果。

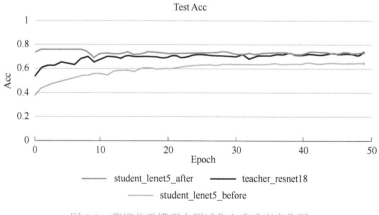

图 8-2　蒸馏前后模型在测试集上准确度变化图

第 9 章

Faster R-CNN 目标检测算法原理及实战

本章主要内容：

- Faster R-CNN 目标检测算法原理。
- Faster R-CNN 目标检测实战。

9.1 Faster R-CNN 目标检测算法原理

两阶段目标检测算法的典型代表是 Faster R-CNN，该算法包括 RPN 网络和 Fast R-CNN 网络两部分，分别用于区域建议框 / 检测框的生成及框内物体 / 图像的识别。

9.1.1 Faster R-CNN 的神经网络结构

Faster R-CNN 目标检测算法的神经网络结构如图 9-1 所示。对一幅原始图像，先通过骨干网络（如 VGG、ResNet）提取特征，得到的特征尺寸为 14×14 或 28×28，然后使用 RPN 子网络，该子网络先在上述特征图的基础上进行一次 3×3 卷积，然后进行 1×1 卷积，卷积核数量为 54，最终得到形状为 14×14×56⊖的预测矩阵，即为该子网络的输出。也可以将该 14×14×56 的预测矩阵分为两个矩阵，对应两个分支，第一个分支使用 18 个 1×1 的卷积核进行卷积，输出形状为 14×14×18 的矩阵 / 特征；第二个分支使用 36 个 1×1 的卷积核进行卷积，输出形状为 14×14×36 的矩阵 / 特征。这便是 Faster R-CNN 的预测矩阵，而其对应的目标矩阵（及预测矩阵）的也需要提前构造好（将在 9.1.2 节给出）。

Fast R-CNN 子网络的输入是 RPN 阶段产生的检测框 / 区域建议框，及真实的物体标注框。Fast R-CNN 将区域建议框等比例投影到原图通过骨干网络得到的特征图上，再对投影到特征图上的每个区域建议框中的子特征进行 ROI Pooling（感兴趣区域池化操作），强制将不同形状和大小的区域建议框中的子特征图变成同等尺寸的特征，如 7×7，14×14，后面再接上简单的分类

⊖ 代码中为 56×14×14，下同。

头，如包含两个全连接层（也可通过 1×1 卷积替代）FC1 和 FC2，及最终的输出层 FC3（目标识别问题）。譬如 VOC 数据集是 20 个类，加上背景类一共有 21 个类，则输出层神经元的数量为 21。另外，Fast R-CNN 子网络还有一个区域建议框位置微调模块 FC4（对区域建议框进行回归学习，含区域建议框的中心点坐标及其宽、高值）。如此，通过多任务学习的方式，Fast R-CNN 子网络对每个区域建议框中的子特征进行识别，并微调区域建议框的位置和尺寸。

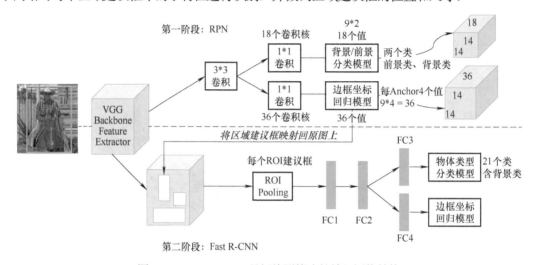

图 9-1　Faster R-CNN 目标检测算法的神经网络结构

9.1.2　Faster R-CNN 的目标矩阵构造

构造 RPN 阶段的目标矩阵时，利用虚拟网格对输入图像进行划分，如 14×14、28×28。按照从左到右、从上到下的顺序，对每个图像块（图像单元），在该图像块的中心上，放置 9 种不同大小和形状的参照框 / 锚框，并计算这 9 个参照框是否与图像上的物体的真实标注框相交且对应的 IoU 得分大于阈值（如 0.5）。若是，则用 (1,0) 表示该锚框对应的图像是前景 / 物体；否则，用 (0,1) 表示该锚框对应的图像是背景（无物体）。同时，若该图像块包括了前景 / 物体，为了表示物体的形状和尺寸，须使用真实物体和参照框的坐标中心偏移值及宽高比（宽、高的相对值）来表达，具体而言，计算真实物体中心的坐标与参照框中心的坐标（也是图像块中心的坐标）之间的偏移量，及真实物体的宽 / 高和参照框的宽 / 高之比（宽、高的相对值）。相关公式如式（9-1）～ 式（9-4）所示。

Faster R-CNN 并没有直接回归学习检测框 / 区域建议框的中心点坐标及其宽、高的相对值，而是对标注框 / 目标框与参照框的中心点坐标偏移值及其宽高比例关系进行学习。令某个物体的真实标注框为 gt，所使用的参照框 / 锚框为 Anchor，两者之间的坐标中心偏移值和宽高比例关系 dx，dy，dw 和 dh 的回归学习设置如下：

$$dx = (gt\_x - anchor\_x)/anchor\_width \tag{9-1}$$

$$dy = (gt\_y - anchor\_y)/anchor\_height \tag{9-2}$$

$$dw = \log(gt\_width/anchor\_width) \tag{9-3}$$

$$dh = \log(gt\_height/anchor\_height) \tag{9-4}$$

偏移值 dx 和 dy 的计算是真实标注框的中心点坐标减去参照框 /Anchor Box 中心点的坐标，再除以 Anchor Box 的宽 / 高。dw 和 dh 分别是两者的宽度之比和高度之比。dx、dy、dw 和 dh 便是神经网络（RPN 区域建议网络）在训练阶段的回归学习目标。

上述操作结束后，每个图像块（共有 14×14 个或 28×28 个这样的图像块）均对应 9 种锚框 / 参照框，而每个参照框对应 4 个表示真实标注框的位置和宽、高相对值的变量，及 2 个表示区域建议框内的图像 / 物体是否是背景还是前景的类别编码，共计 6 个变量，记作 $(x_t, y_t, w_t, h_t, 1, 0)$ 或 $(x_t, y_t, w_t, h_t, 0, 1)$。最终，每个图像块将对应 54（9×6 = 54）个需要进行回归学习的变量，其中 36 个变量为区域建议框回归学习所需，18 个变量为框内图像 / 物体分类所需。

在预测阶段，输出预测框时，需要将 dx，dy，dw 和 dh 恢复为检测框 / 预测框 / 区域建议框的物理尺寸和大小，具体公式如下所示：

$$pre\_x = anchor\_x + dx \cdot anchor\_width \tag{9-5}$$

$$pre\_y = anchor\_y + dy \cdot anchor\_height \tag{9-6}$$

$$pre\_width = anchor\_width \cdot e^{dw} \tag{9-7}$$

$$pre\_height = anchor\_height \cdot e^{dh} \tag{9-8}$$

9.1.3　Faster R-CNN 的损失函数设计

目标检测涉及检测框 / 区域建议框的中心点坐标和宽、高相对值的回归，及检测框内图像 / 物体的分类问题，分别属于回归问题和分类问题，可分别使用对应的损失函数。对回归问题，即 dx，dy，dw 和 dh 的学习方面，Faster R-CNN 算法 /RPN 算法可使用 Smooth L1 损失，如式（9-9）所示；对分类问题，即检测框 / 区域建议框内的图像 / 物体的分类问题，可使用交叉熵损失或 BCE 损失（区分框内图像是前景 / 背景的情形）。

$$
\begin{aligned}
Loss2 &= \sum_{i \in \{x,y,w,h\}}^{n} Smooth_{L1(v_i - v_i')} \\
Smooth_{L1}(x) &= \begin{cases} 0.5x^2 & \text{if } |x| \leqslant 1 \\ |x| - 0.5 & \text{otherwise} \end{cases}
\end{aligned}
\tag{9-9}
$$

要注意的是，目标检测算法在检测框（中心点坐标及宽高）的回归学习方面，可用损失函数很少，主要是 Smooth L1 损失和 L2 损失。这不同于分类损失，可用的损失函数较多，如交叉熵损失、Focal Loss（最早用于目标检测，有利于处理前景 / 背景样本量不均衡的问题）等。

9.1.4 Faster R-CNN 的整体工作流程

1. RPN 网络的训练过程

在训练时，RPN 先将输入图像送入某种骨干网络（如 VGG Backbone）进行卷积，提取整图特征，假定其尺寸为 14×14。然后进行一次 3×3 卷积，记作 Conv1。然后，在 Conv1 的基础上，再进行一次 1×1 卷积，卷积核的数量为 54，最后得到形状为 14×14×54 的特征图 / 预测矩阵。或者，在 Conv1 的基础上，设计两个分支，第一个分支是分类分支，在 Conv1 的基础上进行 1×1 卷积，卷积核数量为 18，以区分检测框 / 区域建议框内的图像 / 物体为前景还是背景，该分支最后将得到一个形状为 14×14×18 的特征图 / 预测矩阵；第二个分支是回归分支，在 Conv1 的基础上进行 1×1 卷积，卷积核数量为 36，对每个参照框对应的 dx、dy、dw 和 dh 进行回归学习，该分支最后将得到一个形状为 14×14×36 的特征图 / 预测矩阵。

RPN 算法的伪代码如下：

```
1: X = VGG (Conv5_3)    #VGG 主干网络的最后一个卷积层
2: X = Conv2D (256, 256, 3*3)   # 接上一个 3*3 卷积，conv1
3: cls = Conv2D (X, 9*2, 1×1) # 前景 / 背景的分类分支
4: reg = Conv2D (X, 9*4, 1×1) # 检测框 / 区域建议框的回归分支
```

构造了上述形状的预测矩阵后，结合目标矩阵，可以计算对应的损失。其损失函数包括两部分，一个是二分类损失，另一个是坐标偏移值及宽、高相对值的预测损失。相关损失函数的介绍已在上节给出。

正负样本选择。**RPN** 阶段，每幅图像得到约 2000 个区域建议框，从中选择 128 个前景框和 128 个背景框，进行损失计算和误差回传。此过程涉及正负样本的挑选，预测框和真实框的 IoU 必须大于等于 0.7 才认为是正样本，选择满足该条件的 128 个正样本。对于负样本的挑选，选择 IoU 值大于等于 0 小于 0.3 的预测框作为负样本。而 IoU 值在 0.3 ～ 0.7 之间的预测框一概不用。正负样本的数量比例控制在 1∶1。

RPN 训练结束后，在测试阶段，对一幅新图像，RPN 会产生大量的预测框 / 区域建议框，结合置信度和 NMS 操作对这些候选的区域建议框进行筛选。对于剩余的区域建议框，每幅图像挑选前 300 个或前 100 个预测框 / 区域建议框送入 Fast R-CNN 阶段。

2. Fast R-CNN 子网络的训练过程

RPN 阶段训练结束之后，进入 Fast R-CNN 阶段。Fast R-CNN 阶段要对区域建议框中的物体 / 图像进行识别，识别建议框中的物体 / 图像属于哪一类（多分类问题）。该阶段同时对区域建议框进行微调。

Fast R-CNN 进行训练时，输入 RPN 阶段生成的区域建议框，以及当前图像对应的真实标注框，输出是每一个区域建议框中的物体类别，以及微调后的区域建议框（区域建议框的中心坐标及大小）。挑选正负样本时，预测框与标注框的 IoU 得分大于等于 0.5 的选作正样本，IoU 得分在 0.1 ~ 0.5 之间的选为负样本，且正负样本的比例控制在 1∶3。

在 Fast R-CNN 阶段，已经没有 Anchor Box（锚框 / 参照框）的设置，只有预测框和真实标注框。预测框经过 ROIPooling 后，得到统一尺寸的特征，送到分类头，进行分类。

9.2　Faster R-CNN 目标检测实战

通过 9.1 节的原理讲解，读者已对 Faster R-CNN 的原理有了整体的理解和掌握。本节将准备目标检测所需的数据集，并基于 Faster R-CNN 对图像进行目标检测。

首先，导入一些所需要的包：

```
import torch
import os
import numpy as np
import torch.nn as nn
from torchvision.ops import RoIPool
from torchvision.models import resnet50 as ResNet50
from torchvision.ops import nms
import torch.nn.functional as F
import torch.optim as optim
import xml.etree.ElementTree as ET
from PIL import Image, ImageDraw, ImageFont
from torch.utils.data import DataLoader, random_split
from torch.utils.data.dataset import Dataset
```

9.2.1　数据准备

常用的目标检测数据集有 COCO、Pascal VOC 等，本节使用 Pascal VOC2007 数据集。Pascal VOC2007 数据集含有 20 个不同类别的物体目标。Pascal VOC2007 数据集的"JPEGImages"文件夹下存放的是训练图像，"ImageSets"文件夹下存放的是数据集图像的分布和划分，"Annotations"文件夹下存放的是每个图相对应的 xml 文件，其中保存了图像的真实目标框坐标和目标类别信息。Pascal VOC2007 数据集的"SegmentationClass"和"SegmentationObject"文件夹下存放的分别是图像语义分割和实例分割的标签图像，在目标检测中不考虑使用。在目标检测中，主要使用的是"Annotations"和"JPEGImages"文件夹下的文件：

```
# Pascal VOC 数据及分类，背景按照分类 0 处理，类别数量加 1
classes = ["_background_", "aeroplane", "bicycle", "bird", "boat", "bottle",
           "bus", "car", "cat", "chair", "cow", "diningtable", "dog", "horse",
           "motorbike", "person", "pottedplant", "sheep", "sofa", "train", "tvmonitor"]
```

训练图像、真实目标框和目标类别通过 FRCNNDataset 数据封装类进行封装准备。按照自定义数据集处理的方式，在 FRCNNDataset 类中，__init__ 方法用于对类进行初始化，__len__ 方法用于获取数据集中数据的数量大小，__getitem__ 方法用于获取图像和必要的目标框及类别数据。此外，convet_xml 方法会解析图像对应的 xml 文件，将图像中的真实目标框及目标类别取出；mytransform 方法会对获取的原始图像及其目标框信息进行一定的图像预处理，使之符合图像使用的要求。

具体来说，首先，FRCNNDataset 类通过 voc_root 参数获得目标检测所需的训练图像和 xml 文件地址目录，并通过目录地址获得所有图像的地址列表，由 self.xml_list 保存。在需要获取数据时，通过 __getitem__ 方法传入的索引得到一个 xml 文件地址，并使用 convet_xml 方法读取该文件，以得到该 xml 文件对应图像的图像名称、真实目标框及目标类别信息。在得到图像名称后，读取到图像 image，并将图像和目标框送入 mytransform 方法，将图像大小按照 self.size 变为固定的大小，相应地，变换图像的目标框坐标信息。最终得到图像、目标框及目标类别信息。代码如下：

```
# 读取解析 Pascal VOC2007 数据集
class FRCNNDataset(Dataset):
    def __init__(self, voc_root, size=None): # size 为图像处理后的尺寸
        self.root = voc_root
        # 图像文件目录
        self.img_root = os.path.join(self.root, "JPEGImages")
        # xml 文件目录
        self.xmlfilepath = os.path.join(self.root, "Annotations")
        # 获得 xml 文件地址列表
        temp_xml = os.listdir(self.xmlfilepath)
        xml_list = []
        for xml in temp_xml:
            if xml.endswith(".xml"):
                xml_list.append(os.path.join(self.xmlfilepath, xml))
        self.xml_list = xml_list
        self.size = size
```

```python
    def __len__(self):
        return len(self.xml_list)


    # 获取数据
    def __getitem__(self, idx):
        xml = self.xml_list[idx]
        img_id, bbox, label = self.convet_xml(xml)
        img_path = os.path.join(self.img_root, img_id)
        image = Image.open(img_path)
        bbox = np.array(bbox, dtype=np.float32)
        label = np.array(label, dtype=np.int64)
        image, bbox = self.mytransform(image, bbox)
        target = {
            "boxes": bbox,
            "labels": label
        }
        return image, target


    # 图像变换
    def mytransform(self, image, bbox):
        # 缩放图像大小
        img_w, img_h = image.size
        w, h = self.size
        scale = min(w / img_w, h / img_h)
        new_w = int(img_w * scale)
        new_h = int(img_h * scale)
        image = image.resize((new_w, new_h))
        bbox[:, [0, 2]] = bbox[:, [0, 2]] * new_w / img_w
        bbox[:, [1, 3]] = bbox[:, [1, 3]] * new_h / img_h
        # 统一图像尺寸
        new_img = Image.new("RGB", (w, h), "black")
        # 中心放置
        dx = (w - new_w) // 2
        dy = (h - new_h) // 2
        new_img.paste(image, (dx, dy))
        bbox[:, [0, 2]] = bbox[:, [0, 2]] + dx
```

```python
        bbox[:, [1, 3]] = bbox[:, [1, 3]] + dy
        img = np.array(new_img, dtype=np.float32)
        img = np.transpose(img / 255.0, [2, 0, 1])
        return img, bbox

    # 解析 xml 文件
    def convet_xml(self, xml):
        in_file = open(xml)
        # 读取 xml 文件
        tree = ET.parse(in_file)
        # 获取根节点
        root = tree.getroot()
        # 获取图像名称
        img_id = root.find("filename").text
        # 获取该图像所有目标的位置和类别
        bboxes = []
        labels = []
        for obj in root.iter('object'):
            cls = obj.find('name').text
            if cls not in classes:
                continue
            label = classes.index(cls)
            xmlbox = obj.find('bndbox')
            # bbox: xmin, ymin, xmax, ymax
            bbox = [float(xmlbox.find('xmin').text), float(xmlbox.find('ymin').text),
                    float(xmlbox.find('xmax').text), float(xmlbox.find('ymax').text)]
            labels.append(label)
            bboxes.append(bbox)
        # 返回该图像的名称，所有目标的位置和类别
        return img_id, bboxes, labels
```

不同于以往的分类任务，需要自定义数据封装为 batch 的操作，代码如下：

```python
# 用于生成可用的 batch
def frcnn_dataset_collate(batch):
    images = []
    targets = []
    for img, target in batch:
```

```
        images.append(img)
        targets.append(target)
    images = np.array(images)
    images = torch.from_numpy(images).type(torch.FloatTensor)
    return images, targets
```

9.2.2　损失定义

Faster R-CNN 的损失主要由 RPN（Region Proposal Networks）中的回归损失和分类损失（此分类是有无目标的二分类）、ROIHead（Fast R-CNN 阶段）中的回归损失和分类损失（此分类是判断目标类别的多分类）构成。Faster R-CNN 的回归损失使用下列定义的 _fast_rcnn_loc_loss 方法计算：

```
# 计算 smooth_l1 损失
def _smooth_l1_loss(x, t, sigma):
    sigma_squared = sigma ** 2
    regression_diff = (x - t)
    regression_diff = regression_diff.abs()
    regression_loss = torch.where(
        regression_diff < (1. / sigma_squared),
        0.5 * sigma_squared * regression_diff ** 2,
        regression_diff - 0.5 / sigma_squared
    )
    return regression_loss.sum()


# 计算回归损失
def _fast_rcnn_loc_loss(pred_loc, gt_loc, gt_label, sigma):
    pred_loc = pred_loc[gt_label > 0]
    gt_loc = gt_loc[gt_label > 0]
    loc_loss = _smooth_l1_loss(pred_loc, gt_loc, sigma)
    num_pos = (gt_label > 0).sum().float()
    loc_loss /= torch.max(num_pos, torch.ones_like(num_pos))
    return loc_loss
```

Faster R-CNN 的分类损失使用 Cross Entropy 损失计算。

此外，在 Faster R-CNN 的训练过程中还会使用一些工具函数，具体如下：

```
# 将回归参数转化为目标框位置参数
def loc2bbox(src_bbox, loc):
```

```
        if src_bbox.size()[0] = = 0:
            return torch.zeros((0, 4), dtype=loc.dtype)
        src_width = torch.unsqueeze(src_bbox[:, 2] - src_bbox[:, 0], -1)
        src_height = torch.unsqueeze(src_bbox[:, 3] - src_bbox[:, 1], -1)
        src_ctr_x = torch.unsqueeze(src_bbox[:, 0], -1) + 0.5 * src_width
        src_ctr_y = torch.unsqueeze(src_bbox[:, 1], -1) + 0.5 * src_height
        dx = loc[:, 0::4]
        dy = loc[:, 1::4]
        dw = loc[:, 2::4]
        dh = loc[:, 3::4]
        ctr_x = dx * src_width + src_ctr_x
        ctr_y = dy * src_height + src_ctr_y
        w = torch.exp(dw) * src_width
        h = torch.exp(dh) * src_height
        dst_bbox = torch.zeros_like(loc)
        dst_bbox[:, 0::4] = ctr_x - 0.5 * w
        dst_bbox[:, 1::4] = ctr_y - 0.5 * h
        dst_bbox[:, 2::4] = ctr_x + 0.5 * w
        dst_bbox[:, 3::4] = ctr_y + 0.5 * h
        return dst_bbox


    # 将目标框位置参数转化为回归参数
    def bbox2loc(src_bbox, dst_bbox):
        width = src_bbox[:, 2] - src_bbox[:, 0]
        height = src_bbox[:, 3] - src_bbox[:, 1]
        ctr_x = src_bbox[:, 0] + 0.5 * width
        ctr_y = src_bbox[:, 1] + 0.5 * height
        base_width = dst_bbox[:, 2] - dst_bbox[:, 0]
        base_height = dst_bbox[:, 3] - dst_bbox[:, 1]
        base_ctr_x = dst_bbox[:, 0] + 0.5 * base_width
        base_ctr_y = dst_bbox[:, 1] + 0.5 * base_height
        eps = np.finfo(height.dtype).eps
        width = np.maximum(width, eps)
        height = np.maximum(height, eps)
        dx = (base_ctr_x - ctr_x) / width
        dy = (base_ctr_y - ctr_y) / height
        dw = np.log(base_width / width)
```

```
        dh = np.log(base_height / height)
        loc = np.vstack((dx, dy, dw, dh)).transpose()
        return loc


# 计算两个方框位置的 IOU
def bbox_iou(bbox_a, bbox_b):
    if bbox_a.shape[1] != 4 or bbox_b.shape[1] != 4:
        print(bbox_a, bbox_b)
        raise IndexError
    tl = np.maximum(bbox_a[:, None, :2], bbox_b[:, :2])
    br = np.minimum(bbox_a[:, None, 2:], bbox_b[:, 2:])
    area_i = np.prod(br - tl, axis=2) * (tl < br).all(axis=2)
    area_a = np.prod(bbox_a[:, 2:] - bbox_a[:, :2], axis=1)
    area_b = np.prod(bbox_b[:, 2:] - bbox_b[:, :2], axis=1)
    return area_i / (area_a[:, None] + area_b - area_i)
```

9.2.3　Faster R-CNN 的神经网络模型实现

本节对 Faster R-CNN 神经网络模型进行实现。Faster R-CNN 模型包括主干特征提取网络、RPN 模块和 RoIHead 模块（Fast R-CNN 阶段）。

Faster R-CNN 模型的主干特征提取网络使用 ResNet-50：

```
# 特征提取网络
def resnet50():
    model = ResNet50()
    # 获取特征提取部分
    features = list([model.conv1, model.bn1, model.relu,
                    model.maxpool, model.layer1, model.layer2, model.layer3])
    # 分类部分
    classifier = list([model.layer4, model.avgpool])
    features = nn.Sequential(*features)
    classifier = nn.Scquential(*classifier)
    return features, classifier
```

在上面的代码中，features 就是 Faster R-CNN 模型的主干特征提取网络，classifier 用来对经过 ROIPooling 之后的特征进行进一步的卷积处理。

RPN 模块使用到的类有：AnchorsGenerator 类，生成先验框；ProposalCreator 类，生成建议框信息；AnchorTargetCreator 类，判断先验框内是否有目标。RPN 模块使用 RegionProposalNetwork

类进行定义，该类中主要有三个卷积层，一个卷积层用于对输入的特征进行一步卷积处理，另外两个卷积层分别进行分类预测（先验框内部是否包含物体）和回归预测（先验框的坐标位置回归调整）。

在 RegionProposalNetwork 类的前向传播方法 forward 中，输入特征首先经过三层卷积层得到先验框的回归和分类预测参数，接着使用 AnchorsGenerator 类生成先验框，并用 ProposalCreator 类通过先验框、先验框的回归和分类预测参数得到建议框信息。在 Faster R-CNN 模型训练阶段，还会计算 RPN 的回归和分类损失。具体计算步骤为：首先使用 AnchorTargetCreator 类得到先验框相对于真实目标框的真实回归参数 gt_rpn_loc，还会赋予先验框真实标签 gt_rpn_label（含有目标的先验框类别为 1，不含目标的为 0，不符合条件的先验框标签置为 -1，忽略）；接着与 RPN 的预测回归参数 rpn_loc 和分类参数 rpn_scores 计算回归损失和分类损失。代码如下：

```
# RPN 类
class RegionProposalNetwork(nn.Module):
    def __init__(
            self, in_channels=512, mid_channels=512, anchor_generator=None,
            proposal_generator=None,anchor_target_creator=None):
        super(RegionProposalNetwork, self).__init__()
        self.anchor_generator = anchor_generator
        self.proposal_layer = proposal_generator
        self.rpn_sigma = 1.0
        self.anchor_target_creator = anchor_target_creator
        # 滑动窗口数，即基础先验框数
        n_anchor = anchor_generator.num_anchors
        self.conv1 = nn.Conv2d(in_channels, mid_channels, 3, 1, 1)
        # 分类预测先验框内部是否包含物体
        self.score = nn.Conv2d(mid_channels, n_anchor * 2, 1, 1, 0)
        # 回归预测对先验框进行调整
        self.loc = nn.Conv2d(mid_channels, n_anchor * 4, 1, 1, 0)

    def forward(self, features, img_size, targets=None, scale=1.):
        n, _, h, w = features.shape
        features_size = [h, w]
        features = F.relu(self.conv1(features))
        # 回归预测对先验框进行调整
        rpn_locs = self.loc(features)
        rpn_locs = rpn_locs.permute(0, 2, 3, 1).contiguous().view(n, -1, 4)
```

```python
# 分类预测先验框内部是否包含物体
rpn_scores = self.score(features)
rpn_scores = rpn_scores.permute(0, 2, 3, 1).contiguous().view(n, -1, 2)
rpn_softmax_scores = F.softmax(rpn_scores, dim=-1)
# 得到先验框包含物体的概率
rpn_fg_scores = rpn_softmax_scores[:, :, 1].contiguous()
rpn_fg_scores = rpn_fg_scores.view(n, -1)
# 生成先验框
anchor = self.anchor_generator(img_size, features_size)
# 使用 List 保存一个 batch 的各图片的建议框
proposals = []
# 遍历各个图片
for i in range(n):
    # 得到各图片的建议框
    proposal = self.proposal_layer(rpn_locs[i], rpn_fg_scores[i], anchor, img_size,
                                   scale=scale, training=self.training)
    proposals.append(proposal)
# 训练网络时, 计算 RPN 损失
proposal_losses = {}
if self.training:
    # 计算损失时, 确保 targets 不为空
    assert targets is not None
    rpn_loc_loss_all = 0
    rpn_cls_loss_all = 0
    # 遍历各个图片, 计算每张图片上的 RPN 损失
    for i in range(n):
        bbox = targets[i]["boxes"]
        rpn_loc = rpn_locs[i]
        rpn_score = rpn_scores[i]
        # 获得建议框网络应有的预测结果, 并给每个先验框都打上标签
        gt_rpn_loc, gt_rpn_label = self.anchor_target_creator(bbox, anchor, img_size)
        gt_rpn_loc = torch.Tensor(gt_rpn_loc)
        gt_rpn_label = torch.Tensor(gt_rpn_label).long()
        if rpn_loc.is_cuda:
            gt_rpn_loc = gt_rpn_loc.cuda()
            gt_rpn_label = gt_rpn_label.cuda()
        # 计算建议框网络的回归损失
```

```
            rpn_loc_loss = _fast_rcnn_loc_loss(rpn_loc, gt_rpn_loc, gt_rpn_label, self.rpn_sigma)
            #计算建议框网络的分类损失
            rpn_cls_loss = F.cross_entropy(rpn_score, gt_rpn_label, ignore_index=-1)
            rpn_cls_loss_all += rpn_cls_loss
            rpn_loc_loss_all += rpn_loc_loss
        proposal_losses = {
            "rpn_regression_loss": rpn_loc_loss_all / n,
            "rpn_classifier_loss": rpn_cls_loss_all / n
        }
        #返回建议框和损失，测试时损失值为 None
        return proposals, proposal_losses
```

Faster R-CNN 模型在 RPN 中产生先验框，所以在构造 RPN 前要先完成先验框的生成，我们定义了 AnchorsGenerator 类生成所有的先验框。在 AnchorsGenerator 类中，先使用 generate_anchor_base 方法生成 9 个基础先验框，每个基础先验框的尺寸各不相同。接着，使用这 9 种基础先验框生成一幅图像上的所有先验框。在这个过程中，将一幅图像按照划分为 n*n 的网格单元，在每一个网格单元/图像块上都放置 9 种先验框，各个网格单元上得到的所有的先验框就是整幅图像上的所有先验框。代码如下：

```
#用于生成先验框（Anchor）的类
class AnchorsGenerator():
    def __init__(self, anchor_scales=[8, 16, 32], ratios=[0.5, 1, 2]):
        super(AnchorsGenerator, self).__init__()
        self.anchor_scales = anchor_scales #先验框尺度
        self.ratios = ratios #先验框宽高比
        self.num_anchors = len(anchor_scales) * len(ratios) #基础先验框个数
    #生成基础先验框
    def generate_anchor_base(self, base_size=[16, 16], ratios=[0.5, 1, 2], anchor_scales=[8, 16, 32]):
        anchor_base = np.zeros((len(ratios) * len(anchor_scales), 4), dtype=np.float32)
        for i in range(len(ratios)):
            for j in range(len(anchor_scales)):
                h = base_size[0] * anchor_scales[j] * np.sqrt(ratios[i])
                w = base_size[1] * anchor_scales[j] * np.sqrt(1. / ratios[i])
                index = i * len(anchor_scales) + j
                anchor_base[index, 0] = - h / 2.
                anchor_base[index, 1] = - w / 2.
                anchor_base[index, 2] = h / 2.
                anchor_base[index, 3] = w / 2.
```

```
        return anchor_base.round()

    #生成一张图片上的全部先验框
    # anchor_base：基础先验框，feat_stride：先验框中心点间的长度，features_size：特征图大小
    def enumerate_shifted_anchor(self, anchor_base, feat_stride, features_size):
        height, width = features_size[0], features_size[1]
        #计算网格中心点
        shift_x = np.arange(0, width * feat_stride[1], feat_stride[1])
        shift_y = np.arange(0, height * feat_stride[0], feat_stride[0])
        shift_x, shift_y = np.meshgrid(shift_x, shift_y)
        shift = np.stack((shift_x.ravel(), shift_y.ravel(),
                                shift_x.ravel(), shift_y.ravel(),), axis=1)
        #每个网格点上 9 个先验框
        A = anchor_base.shape[0]
        K = shift.shape[0]
        anchor = anchor_base.reshape((1, A, 4)) + shift.reshape((K, 1, 4))
        #得到所有的先验框
        anchor = anchor.reshape((K * A, 4)).astype(np.float32)
        return anchor.round()


    #得到并返回所有的先验框；
    # image_size：输入模型的图像大小，features_size：图像经过模型后生成的特征图大小
    def __call__(self, image_size, features_size):
        #获得步长 stride
        stride = [int(round(image_size[i] / features_size[i])) for i in range(2)]
        anchor_base = self.generate_anchor_base(stride, self.ratios, self.anchor_scales)
        anchors = self.enumerate_shifted_anchor(np.array(anchor_base), stride, features_size)
        return anchors
```

在 ProposalCreator 类中，__call__ 方法用于生成建议框信息。在 __call__ 方法中，首先使用先验框信息和 RPN 得到的回归预测值计算出所有的建议框信息，然后筛选一定数量的符合条件的建议框，最终将这些建议框返回。代码如下：

```
#用于生成建议框的类
class ProposalCreator():
    def __init__(self, nms_thresh=0.7,
                    n_train_pre_nms=12000, n_train_post_nms=600,
                    n_test_pre_nms=3000, n_test_post_nms=300, min_size=16):
```

```
        self.nms_thresh = nms_thresh # 非极大抑制的阈值
        # RPN 中在 nms 处理前保留的 proposal 数
        self.n_train_pre_nms = n_train_pre_nms
        self.n_test_pre_nms = n_test_pre_nms
        # RPN 中在 nms 处理后保留的 proposal 数
        self.n_train_post_nms = n_train_post_nms
        self.n_test_post_nms = n_test_post_nms
        self.min_size = min_size # proposal 框的最小宽高值


    # loc：RPN 预测回归值，score：RPN 预测得分值，anchor：先验框，img_size：图像尺寸
    def __call__(self, loc, score, anchor, img_size, scale=1., training=True):
        if training:
            n_pre_nms = self.n_train_pre_nms
            n_post_nms = self.n_train_post_nms
        else:
            n_pre_nms = self.n_test_pre_nms
            n_post_nms = self.n_test_post_nms
        anchor = torch.from_numpy(anchor)
        if loc.is_cuda:
            anchor = anchor.cuda()
        # 将 RPN 网络预测结果转化成建议框
        roi = loc2bbox(anchor, loc)
        # 防止建议框超出图像边缘
        roi[:, [0, 2]] = torch.clamp(roi[:, [0, 2]], min=0, max=img_size[1])
        roi[:, [1, 3]] = torch.clamp(roi[:, [1, 3]], min=0, max=img_size[0])
        # 建议框的宽高值不可以小于 min_size
        min_size = self.min_size * scale
        keep = torch.where(((roi[:, 2] - roi[:, 0]) >= min_size) & ((roi[:, 3] - roi[:, 1]) >= min_size))[0]
        roi = roi[keep, :]
        score = score[keep]
        # 对 RPN 预测得分排序
        order = torch.argsort(score, descending=True)
        if n_pre_nms > 0:
            order = order[:n_pre_nms]
        # 根据排序结果取出建议框及对应的得分
        roi = roi[order, :]
        score = score[order]
        # 对建议框进行非极大抑制
```

```
        keep = nms(roi, score, self.nms_thresh)
        keep = keep[:n_post_nms]
        roi = roi[keep]
        return roi
```

在 AnchorTargetCreator 类中，使用 __call__ 方法返回先验框相对于真实目标框的真实回归参数和先验框真实标签，此时先验框的分类标签记录的是先验框内是否含有目标。先验框的真实分类标签在 _create_label 方法内获得。首先在 _create_label 方法调用 _calc_ious 方法计算先验框与真实目标框之间的 IOU 值，同时我们规定含有目标先验框的是正样本，不含目标的是负样本。当先验框与真实目标框之间的 IOU 值小于阈值 self.neg_iou_thread 时，判定该先验框是负样本，标签置为 0；当 IOU 值大于阈值 self.pos_iou_thread 时，判定该先验框是正样本，标签置为 1；当 IOU 值大于阈值 self.neg_iou_thread 却小于阈值 self.pos_iou_thread 时，忽略该先验框样本，标签置为 −1。代码如下：

```
# 判断 Anchor 内是否有目标
class AnchorTargetCreator(object):
    def __init__(self, n_sample=256, pos_iou_thresh=0.7, neg_iou_thresh=0.3, pos_ratio=0.5):
        self.n_sample = n_sample
        self.pos_iou_thresh = pos_iou_thresh
        self.neg_iou_thresh = neg_iou_thresh
        self.pos_ratio = pos_ratio

    def __call__(self, bbox, anchor, img_size):
        argmax_ious, label = self._create_label(anchor, bbox)
        if (label > 0).any():
            loc = bbox2loc(anchor, bbox[argmax_ious])
            return loc, label
        else:
            return np.zeros_like(anchor), label

    # 计算 anchor 与 bbox 的 IOU
    def _calc_ious(self, anchor, bbox):
        # 计算各 anchor 和各 bbox 的 iou, shape 为 [anchor 数, bbox 数 ]
        ious = bbox_iou(anchor, bbox)
        if len(bbox) == 0:
            return np.zeros(len(anchor), np.int32), np.zeros(len(anchor)), np.zeros(len(bbox))
        # 获得每个先验框最对应的真实框
        argmax_ious = ious.argmax(axis=1)
```

```python
        # 找出每个先验框最对应的真实框的 iou
        max_ious = np.max(ious, axis=1)
        # 保证每个真实框都存在对应的先验框
        gt_argmax_ious = ious.argmax(axis=0)
        for i in range(len(gt_argmax_ious)):
            argmax_ious[gt_argmax_ious[i]] = i
        return argmax_ious, max_ious, gt_argmax_ious


    # 根据 Anchor 内是否含有目标为 Anchor 赋予标签, 1 为正样本, 0 为负样本, -1 表示忽略
    def _create_label(self, anchor, bbox):
        # 初始化标签
        label = np.empty((len(anchor),), dtype=np.int32)
        label.fill(-1)
        # 计算 anchor 与 bbox 的 IOU, 并返回每个先验框最对应的真实框, 及其对应的 IOU
        argmax_ious, max_ious, gt_argmax_ious = self._calc_ious(anchor, bbox)
        # IOU 小于阈值则设置为负样本
        label[max_ious < self.neg_iou_thresh] = 0
        # IOU 大于阈值则设置为正样本
        label[max_ious >= self.pos_iou_thresh] = 1
        # 每个真实框至少有一个对应先验框, 保证充分利用目标训练
        if len(gt_argmax_ious) > 0:
            label[gt_argmax_ious] = 1
        # 判断正样本数量是否大于 128, 如果大于则限制在 128
        n_pos = int(self.pos_ratio * self.n_sample)
        pos_index = np.where(label == 1)[0]
        if len(pos_index) > n_pos:
            disable_index = np.random.choice(pos_index, size=(len(pos_index) - n_pos), replace=False)
            label[disable_index] = -1
        # 平衡正负样本, 保持总数量为 256
        n_neg = self.n_sample - np.sum(label == 1)
        neg_index = np.where(label == 0)[0]
        if len(neg_index) > n_neg:
            disable_index = np.random.choice(neg_index, size=(len(neg_index) - n_neg), replace=False)
            label[disable_index] = -1
        return argmax_ious, label
```

特征经过 RPN 模块后,最重要的区域建议框生成任务已经完成,接下来 RoIHead 只要将 RPN 输出的结果作为输入,来训练和测试,我们使用 RoIHead 类实现模块功能。在

RoIHead 类中使用到了 ProposalTargetCreator 类，用于判断建议框内是否有目标。

在 RoIHead 类中，self.roi 进行 ROIPooling 操作，self.classifier 对 ROIPooling 操作之后的输出进一步卷积处理，输出的特征进入两个全连接层分支，一个对建议框进行回归预测，另一个对建议框进行分类预测。在 RoIHead 类中，decoder 方法的作用是将最终输出的建议框预测结果转换为预测框结果，forward 方法的作用是 RoIHead 类进行前向计算。代码如下：

```python
# RoIHead 类
class RoIHead(nn.Module):
    def __init__(self, std, mean, n_class, roi_size, spatial_scale, classifier, proposal_target_creator):
        super(RoIHead, self).__init__()
        self.roi = RoIPool((roi_size, roi_size), spatial_scale)
        self.classifier = classifier
        # 对 ROIPooling 后的的结果进行回归预测
        self.cls_loc = nn.Linear(2048, n_class * 4)
        # 对 ROIPooling 后的的结果进行分类
        self.score = nn.Linear(2048, n_class)
        self.num_classes = n_class
        self.std = std
        self.mean = mean
        self.roi_sigma = 1
        self.nms_iou = 0.3
        self.score_thresh = 0.5
        self.proposal_target_creator = proposal_target_creator


    # 将建议框解码成预测框
    def decoder(self, roi_cls_locs, roi_scores, rois, height, width, nms_iou, score_thresh):
        device = roi_cls_locs.device
        mean_repeat = torch.Tensor(self.mean).repeat(self.num_classes)[None].to(device)
        std_repeat = torch.Tensor(self.std).repeat(self.num_classes)[None].to(device)
        roi_cls_loc = (roi_cls_locs * std_repeat + mean_repeat)
        roi_cls_loc = roi_cls_loc.view([-1, self.num_classes, 4])
        # 利用 classifier 网络的预测结果对建议框进行调整获得预测框
        roi = rois.view((-1, 1, 4)).expand_as(roi_cls_loc)
        cls_bbox = loc2bbox(roi.reshape((-1, 4)), roi_cls_loc.reshape((-1, 4)))
        cls_bbox = cls_bbox.view([-1, (self.num_classes), 4])
        # 防止预测框超出图片范围
```

```
        cls_bbox[..., [0, 2]] = (cls_bbox[..., [0, 2]]).clamp(min=0, max=width)
        cls_bbox[..., [1, 3]] = (cls_bbox[..., [1, 3]]).clamp(min=0, max=height)
        prob = F.softmax(roi_scores, dim=-1)
        class_conf, class_pred = torch.max(prob, dim=-1)
        # 利用置信度进行第一轮筛选
        conf_mask = (class_conf >= score_thresh)
        # 根据置信度进行预测结果的筛选
        cls_bbox = cls_bbox[conf_mask]
        class_conf = class_conf[conf_mask]
        class_pred = class_pred[conf_mask]
        output = []
        for l in range(1, self.num_classes):
            arg_mask = class_pred == l
            # 取出对应的框和置信度
            cls_bbox_l = cls_bbox[arg_mask, l, :]
            class_conf_l = class_conf[arg_mask]
            if len(class_conf_l) == 0:
                continue
            # 将预测框、分类、置信度参数拼接
            detections_class = torch.cat(
                [cls_bbox_l, torch.unsqueeze(class_pred[arg_mask], -1).float(), torch.unsqueeze(class_
conf_l, -1)], -1)
            # 非极大抑制筛选
            keep = nms(detections_class[:, :4], detections_class[:, -1], nms_iou)
            output.extend(detections_class[keep].cpu().numpy())
        outputs = np.array(output)
        return outputs


    def forward(self, features, proposals, img_size, targets=None):
        n = features.size(0)
        if self.training:
            sample_proposals = []
            gt_roi_locs = []
            gt_roi_labels = []
            for i in range(n):
                bbox = targets[i]["boxes"]
                label = targets[i]["labels"]
```

```
            roi = proposals[i]
            sample_roi, gt_roi_loc, gt_roi_label = self.proposal_target_creator(roi, bbox, label,
self.mean, self.std)
            sample_roi = torch.Tensor(sample_roi)
            gt_roi_loc = torch.Tensor(gt_roi_loc)
            gt_roi_label = torch.Tensor(gt_roi_label).long()
            if features.is_cuda:
                sample_roi = sample_roi.cuda()
                gt_roi_loc = gt_roi_loc.cuda()
                gt_roi_label = gt_roi_label.cuda()
            sample_proposals.append(sample_roi)
            gt_roi_locs.append(gt_roi_loc)
            gt_roi_labels.append(gt_roi_label)
        proposals = sample_proposals
    class_logits = []
    box_regression = []
    for i in range(n):
        x = torch.unsqueeze(features[i], dim=0)
        rois = proposals[i]
        roi_indices = torch.zeros(len(rois))
        if x.is_cuda:
            roi_indices = roi_indices.cuda()
            rois = rois.cuda()
        rois_feature_map = torch.zeros_like(rois)
        rois_feature_map[:, [0, 2]] = rois[:, [0, 2]] / img_size[1] * x.size(3)    # [3]
        rois_feature_map[:, [1, 3]] = rois[:, [1, 3]] / img_size[0] * x.size(2)    # [2]
        indices_and_rois = torch.cat([roi_indices[:, None], rois_feature_map], dim=1)
        # 利用建议框对公用特征层进行截取
        pool = self.roi(x, indices_and_rois)
        # 利用 classifier 网络进行特征提取
        fc7 = self.classifier(pool)
        # 特征展平
        fc7 = fc7.view(fc7.size(0), -1)
        # 回归预测
        roi_cls_locs = self.cls_loc(fc7)
        # 分类预测
        roi_scores = self.score(fc7)
```

```
            roi_cls_locs = roi_cls_locs.view(x.size(0), -1, roi_cls_locs.size(1))
            roi_scores = roi_scores.view(x.size(0), -1, roi_scores.size(1))
            class_logits.append(roi_scores)
            box_regression.append(roi_cls_locs)
    roi_loss = {}
    outputs = []
    if self.training:
        # 训练时计算 RolHead 损失
        loss_classifier = 0
        loss_regression = 0
        for i in range(n):
            n_sample = box_regression[i].size(1)
            roi_cls_loc = box_regression[i].view(n_sample, -1, 4)
            roi_loc = roi_cls_loc[torch.arange(0, n_sample), gt_roi_labels[i]]
            # 分别计算 Classifier 网络的回归损失和分类损失
            roi_loc_loss = _fast_rcnn_loc_loss(roi_loc, gt_roi_locs[i], gt_roi_labels[i].data,
self.roi_sigma)
            roi_cls_loss = nn.CrossEntropyLoss()(class_logits[i][0], gt_roi_labels[i])
            loss_classifier += roi_cls_loss
            loss_regression += roi_loc_loss
        roi_loss = {
            "roi_regression_loss": loss_regression / n,
            "roi_classifier_loss": loss_classifier / n
        }
    else:
        # 测试时计算最终的预测框坐标
        for i in range(n):
            output = self.decoder(box_regression[i][0], class_logits[i][0], proposals[i],
                                  img_size[0], img_size[1], self.nms_iou, self.score_thresh)

            outputs.append(output)
    # 训练时 outputs 为 []
    return outputs, roi_loss
```

　　ProposalTargetCreator 类的作用与 AnchorTargetCreator 类的作用类似。在训练时，该类负责判断建议框内有没有目标，若有目标则为正样本，无目标则为负样本，最终筛选出一定数量的正负样本，进入接下来的特征计算。如果一个建议框是正样本且被选中进入接下来的特征计算，则同时返回它的真实分类标签和相对于真实目标框的回归参数，用于训练中 RoIHead 模块损失的计算。

```python
#判断 proposal 建议框内是否有目标，并对建议框采样
class ProposalTargetCreator(object):
    def __init__(self, n_sample=128, pos_ratio=0.5, pos_iou_thresh=0.5, neg_iou_thresh_high=0.5, neg_
iou_thresh_low=0):
        self.n_sample = n_sample
        self.pos_ratio = pos_ratio
        self.pos_roi_per_image = np.round(self.n_sample * self.pos_ratio)
        self.pos_iou_thresh = pos_iou_thresh
        self.neg_iou_thresh_high = neg_iou_thresh_high
        self.neg_iou_thresh_low = neg_iou_thresh_low


    # roi: 预测值, bbox: 真实目标框, label: 真实标签
    def __call__(self, roi, bbox, label, loc_normalize_mean=(0., 0., 0., 0.), loc_normalize_std=(0.1, 0.1, 0.2, 0.2)):
        roi = np.concatenate((roi.detach().cpu().numpy(), bbox), axis=0)
        #计算建议框和真实框的重合程度,
        iou = bbox_iou(roi, bbox)
        if len(bbox) == 0:
            gt_assignment = np.zeros(len(roi), np.int32)
            max_iou = np.zeros(len(roi))
            gt_roi_label = np.zeros(len(roi))
        else:
            # 根据 iou 获得每个建议框最匹配的真实框
            gt_assignment = iou.argmax(axis=1)
            # 获得每个建议框最匹配的真实框的 iou 值
            max_iou = iou.max(axis=1)
            # 得到真实框的标签
            gt_roi_label = label[gt_assignment]
        # 满足建议框和真实框重合程度大于 pos_iou_thresh 的作为正样本
        pos_index = np.where(max_iou >= self.pos_iou_thresh)[0]
        # 正样本数量限制在 self.pos_roi_per_image 以内
        pos_roi_per_this_image = int(min(self.pos_roi_per_image, pos_index.size))
        if pos_index.size > 0:
            pos_index = np.random.choice(pos_index, size=pos_roi_per_this_image, replace=False)
        # 满足建议框和真实框重合程度小于 neg_iou_thresh_high 大于 neg_iou_thresh_low 作为负样本
```

```
neg_index = np.where((max_iou < self.neg_iou_thresh_high) & (max_iou >= self.neg_iou_thresh_
low))[0]
    # 正样本的数量和负样本的数量的总和固定成 self.n_sample
    neg_roi_per_this_image = self.n_sample - pos_roi_per_this_image
    neg_roi_per_this_image = int(min(neg_roi_per_this_image, neg_index.size))
    if neg_index.size > 0:
        neg_index = np.random.choice(neg_index, size=neg_roi_per_this_image, replace=False)
    keep_index = np.append(pos_index, neg_index)
    # 最终返回的预测值采样结果
    sample_roi = roi[keep_index]
    if len(bbox) == 0:
        return sample_roi, np.zeros_like(sample_roi), gt_roi_label[keep_index]
    # 预测值的回归参数
    gt_roi_loc = bbox2loc(sample_roi, bbox[gt_assignment[keep_index]])
    gt_roi_loc = ((gt_roi_loc - np.array(loc_normalize_mean, np.float32)) / np.array(loc_normalize_
std, np.float32))
    # 预测值的类别标签
    gt_roi_label = gt_roi_label[keep_index]
    gt_roi_label[pos_roi_per_this_image:] = 0
    # 返回：预测值采样结果，回归参数，类别标签
    return sample_roi, gt_roi_loc, gt_roi_label
```

以上都定义好之后，就可以构建正式 Faster R-CNN 神经网络模型了，代码如下：

```
# Faster_RCNN
class FasterRCNN(nn.Module):
    def __init__(self, num_classes,
                 anchor_scales=[8, 16, 32],
                 ratios=[0.5, 1, 2]):
        super(FasterRCNN, self).__init__()

        # Extractor,Classifier
        self.extractor, classifier = resnet50()

        anchor_generator = AnchorsGenerator(anchor_scales=anchor_scales, ratios=ratios)
        proposal_generator = ProposalCreator()
        anchor_target_creator = AnchorTargetCreator()
```

```python
        # RPN
        self.rpn = RegionProposalNetwork(
            1024, 512,
            anchor_generator=anchor_generator,
            proposal_generator=proposal_generator,
            anchor_target_creator=anchor_target_creator
        )
        proposal_target_creator = ProposalTargetCreator()

        # RoI
        self.head = RoIHead(
            n_class=num_classes + 1,
            roi_size=14,
            spatial_scale=1,
            std=[0.1, 0.1, 0.2, 0.2],
            mean=[0, 0, 0, 0],
            classifier=classifier,
            proposal_target_creator=proposal_target_creator
        )

    def forward(self, images, scale=1., targets=None):
        img_size = images.shape[2:]
        # 将图像输入 backbone 得到特征图
        features = self.extractor(images)
        # 将特征层以及标注 target 信息传入 rpn 中
        # 每个 proposals 是绝对坐标, 且为 (x1, y1, x2, y2) 格式
        proposals, proposal_losses = self.rpn(features, img_size, targets, scale)
        # 将 rpn 生成的数据以及标注 target 信息传入 fast rcnn 后半部分
        detections, detector_losses = self.head(features, proposals, img_size, targets)
        losses = {}
        losses.update(detector_losses)
        losses.update(proposal_losses)
        if self.training:
            return losses
        return detections
    # 冻结 bn 层
    def freeze_bn(self):
```

```
        for m in self.modules():
            if isinstance(m, nn.BatchNorm2d):
                m.eval()
```

9.2.4　整体训练流程

模型通过自定义 train() 方法进行训练，并在每个 Epoch 之后进行验证，计算验证损失。在模型的训练过程中，使用 torch.optim.Adam() 优化器对模型参数进行优化，使用 torch.optim.lr_scheduler.StepLR() 对学习率进行调整。

1.　定义训练方法

```
# 训练方法
def train(model, start_epoch, final_epoch, gen, genval, lr, device):
    model.train()
    model = model.to(device)
    optimizer = optim.Adam(model.parameters(), lr, weight_decay=5e-4)
    lr_scheduler = optim.lr_scheduler.StepLR(optimizer, step_size=1, gamma=0.95)
    for epoch in range(start_epoch, final_epoch):
        total_loss = 0
        val_toal_loss = 0
        for iteration, batch in enumerate(gen):
            imgs, targets = batch[0], batch[1]
            imgs = imgs.to(device)
            output = model(imgs, scale=1.0, targets=targets)
            rpn_loc, rpn_cls, roi_loc, roi_cls = output["rpn_regression_loss"], \
                                                output["rpn_classifier_loss"], \
                                                output["roi_regression_loss"], \
                                                output["roi_classifier_loss"]
            train_loss = rpn_loc + rpn_cls + roi_loc + roi_cls
            print(iteration+1,'/', len(gen),epoch+1, train_loss.item())
            optimizer.zero_grad()
            train_loss.backward()
            optimizer.step()
            total_loss += train_loss.item()
        for iteration, batch in enumerate(genval):
            imgs, targets = batch[0], batch[1]
            with torch.no_grad():
```

```
            imgs = imgs.to(device)
            output = model(imgs, scale=1.0, targets=targets)
            rpn_loc, rpn_cls, roi_loc, roi_cls = output["rpn_regression_loss"], \
                                                 output["rpn_classifier_loss"], \
                                                 output["roi_regression_loss"], \
                                                 output["roi_classifier_loss"]
            val_loss = rpn_loc + rpn_cls + roi_loc + roi_cls
            print(iteration+1, '/', len(genval), epoch+1, val_loss.item())

            val_toal_loss += val_loss.item()
        print('Epoch:' + str(epoch + 1) + '/' + str(final_epoch))
        print('Total Loss: %.4f Val total Loss: %.4f' % (total_loss/len(gen), val_toal_loss/len(genval)))
        torch.save(model.state_dict(), './FasterRCNN.pth')
        lr_scheduler.step()
```

2. 训练过程

在开始训练前，我们对 Faster R-CNN 模型加载预训练权重，按照 4∶1 的比例将 Pascal VOC 数据集分为训练集和验证集，只使用少量数据进行演示性训练。

将上述数据集、模型、训练方法定义好之后，就可以开始对模型的训练了。加载预训练参数的 Faster R-CNN 的训练过程分为两个部分，第一阶段将模型主干网络的参数冻结，只训练 Faster R-CNN 的 RPN 模块和 RoIHead 模块；第二阶段将模型主干网络的参数解冻，整个 Faster R-CNN 模型参数共同微调训练。在下列代码中，第一阶段训练了 50 个 Epoch，第二阶段训练了 50 个 Epoch。代码如下：

```
if __name__ == "__main__":
    #训练所需要区分的类的个数
    NUM_CLASSES = 20
    model = FasterRCNN(NUM_CLASSES)
    model_path = './voc_weights_resnet.pth'
    print('Loading weights into state dict...')
    device = torch.device('cuda:0' if torch.cuda.is_available() else 'cpu')
    model_dict = model.state_dict()
    pretrained_dict = torch.load(model_path, map_location=device)
    pretrained_dict = {k: v for k, v in pretrained_dict.items() if np.shape(model_dict[k]) == np.shape(v)}
    model_dict.update(pretrained_dict)
    model.load_state_dict(model_dict)
    print('Finished!')
```

```
dataset = FRCNNDataset(voc_root="./data/VOCdevkit/VOC2007", size=(600, 600))
# 将数据分成训练 / 测试分区
test_rate = 0.2
num_val = int(len(dataset) * test_rate)
num_train = len(dataset) - num_val
# 随机将数据集分割成给定长度的不重叠的训练集和测试集
train_data, test_data = random_split(dataset, [num_train, num_val],
                                      generator=torch.Generator().manual_seed(0))
Batch_size = 2
gen = DataLoader(
    train_data, shuffle=True,
    batch_size=Batch_size, pin_memory=True,
    drop_last=True, collate_fn=frcnn_dataset_collate
)
gen_val = DataLoader(
    test_data, shuffle=False,
    batch_size=Batch_size, pin_memory=True,
    drop_last=True, collate_fn=frcnn_dataset_collate
)
# 冻结一部分训练
if True:
    lr = 1e-4
    Init_Epoch = 0
    Freeze_Epoch = 50
    for param in model.extractor.parameters():
        param.requires_grad = False
    model.freeze_bn()
    print("Begin Train!")
    train(model, Init_Epoch, Freeze_Epoch, gen, gen_val, lr, device)
# 解冻后训练
if True:
    lr = 1e-5
    Freeze_Epoch = 50
    Unfreeze_Epoch = 100
    for param in model.extractor.parameters():
        param.requires_grad = True
    model.freeze_bn()
    train(model, Freeze_Epoch, Unfreeze_Epoch, gen, gen_val, lr, device)
```

9.2.5　效果展示

运行上述训练程序共 100 个 Epoch，可以得到在 VOC2007 数据集上训练好的 Faster
R-CNN 模型，通过下列测试代码，就可以得到 Faster R-CNN 模型对图像的检测效果：

```
import colorsys
import copy
import os
import numpy as np
import torch
import torch.nn as nn
from PIL import Image, ImageDraw, ImageFont
from torch.nn import functional as F

classes = ["_background_", "aeroplane", "bicycle", "bird", "boat", "bottle",
           "bus", "car", "cat", "chair", "cow", "diningtable", "dog", "horse",
           "motorbike", "person", "pottedplant", "sheep", "sofa", "train", "tvmonitor"]

# 改变图像大小
def get_new_img_size(width, height, img_min_side=600):
    if width <= height:
        f = float(img_min_side) / width
        resized_height = int(f * height)
        resized_width = int(img_min_side)
    else:
        f = float(img_min_side) / height
        resized_width = int(f * width)
        resized_height = int(img_min_side)
    return resized_width, resized_height

# 图像检测类
class Faster RCNN(object):
    # 初始化 faster RCNN
    def __init__(self, model_path, classes, iou, confidence, cuda):
        self.class_names = classes
        self.cuda = cuda
```

```python
        self.model_path = model_path
        # 计算总的类的数量
        self.num_classes = len(self.class_names) - 1
        # 载入模型与权值
        self.model = FasterRCNN(self.num_classes).eval()
        self.model.head.nms_iou = iou
        self.model.head.score_thresh = confidence
        print('Loading weights into state dict...')

        state_dict = torch.load(self.model_path, map_location='cpu')
        self.model.load_state_dict(state_dict)
        self.mean = torch.Tensor([0, 0, 0, 0]).repeat(self.num_classes + 1)[None]
        self.std = torch.Tensor([0.1, 0.1, 0.2, 0.2]).repeat(self.num_classes + 1)[None]
        if self.cuda:
            self.model = self.model.cuda()
        print('{} model, anchors, and classes loaded.'.format(self.model_path))
        # 画框设置不同的颜色
        hsv_tuples = [(x / len(self.class_names), 1., 1.) for x in range(len(self.class_names))]
        self.colors = list(map(lambda x: colorsys.hsv_to_rgb(*x), hsv_tuples))
        self.colors = list(map(lambda x: (int(x[0] * 255), int(x[1] * 255), int(x[2] * 255)), self.colors))


    # 检测图像
    def detect_image(self, image):
        # 转换成 RGB 图片，可以用于灰度图预测
        image = image.convert("RGB")
        image_shape = np.array(np.shape(image)[0:2])
        old_width, old_height = image_shape[1], image_shape[0]
        old_image = copy.deepcopy(image)
        # 将原图像 resize 到短边为 600 的大小
        width, height = get_new_img_size(old_width, old_height)
        image = image.resize([width, height], Image.BICUBIC)
        # 图片预处理，归一化
        photo = np.transpose(np.array(image, dtype=np.float32) / 255, (2, 0, 1))
        with torch.no_grad():
            images = torch.from_numpy(np.asarray([photo]))
            if self.cuda:
                images = images.cuda()
```

```
        outputs = self.model(images)
        # 如果没有检测出物体，返回原图
        if len(outputs[0]) = = 0:
            return old_image
        outputs = outputs[0]
        outputs = np.array(outputs)
        bbox = outputs[:, :4]
        label = outputs[:, 4]
        conf = outputs[:, 5]
        bbox[:, 0::2] = (bbox[:, 0::2]) / width * old_width
        bbox[:, 1::2] = (bbox[:, 1::2]) / height * old_height
font = ImageFont.truetype(font='./simhei.ttf',
                          size=np.floor(3e-2 * np.shape(image)[1] + 0.5).astype('int32'))
thickness = max((np.shape(old_image)[0] + np.shape(old_image)[1]) // old_width * 2, 1)
image = old_image
for i, c in enumerate(label):
    predicted_class = self.class_names[int(c)]
    score = conf[i]
    left, top, right, bottom = bbox[i]
    top = top - 5
    left = left - 5
    bottom = bottom + 5
    right = right + 5
    top = max(0, np.floor(top + 0.5).astype('int32'))
    left = max(0, np.floor(left + 0.5).astype('int32'))
    bottom = min(np.shape(image)[0], np.floor(bottom + 0.5).astype('int32'))
    right = min(np.shape(image)[1], np.floor(right + 0.5).astype('int32'))
    # 绘制画框
    label = '{} {:.2f}'.format(predicted_class, score)
    draw = ImageDraw.Draw(image)
    label_size = draw.textsize(label, font)
    label = label.encode('utf-8')
    print(label, top, left, bottom, right)
    if top - label_size[1] >= 0:
        text_origin = np.array([left, top - label_size[1]])
    else:
        text_origin = np.array([left, top + 1])
```

```
        for i in range(thickness):
            draw.rectangle([left + i, top + i, right - i, bottom - i],
                outline=self.colors[int(c)])
        draw.rectangle(
            [tuple(text_origin), tuple(text_origin + label_size)],
            fill=self.colors[int(c)])
        draw.text(text_origin, str(label, 'UTF-8'), fill=(0, 0, 0), font=font)
        del draw
    return image
```

 # 开始检测单张图片

```
frcnn = FRCNN(model_path='./ FasterRCNN.pth ', classes=classes, iou=0.3, confidence=0.5, cuda=True)
img = input('Input image filename:')
image = Image.open(img)
r_image = frcnn.detect_image(image)
r_image.show()
```

图 9-2 展示了 Faster R-CNN 模型在 VOC2007 图像上的目标检测效果。

图 9-2　Faster R-CNN 目标检测效果

第 10 章

YOLO v3 目标检测算法原理及实战

本章主要内容：
- YOLO v3 目标检测算法原理。
- 基于 YOLO v3 的目标检测实战。

10.1　YOLO v3 目标检测算法原理

目标检测就是在图像中自动确定物体或者目标的位置，也称作目标定位，有时还需要进一步确定物体的类别。在技术层面，目标检测既包括回归问题，又包括分类问题。单阶段目标检测算法的典型代表是 YOLO（You Only Look Once）。这类方法通过一个神经网络完成目标检测任务，含区域建议框的生成及框内物体的分类。整体而言，YOLO 目标检测算法有三个主要组成部分：数据准备和目标矩阵构造、神经网络结构设计，以及损失函数设计。下面分别进行介绍。

10.1.1　YOLO v3 神经网络结构

如图 10-1 所示，YOLO v3 目标检测算法的神经网络结构可分为下采样阶段和上采样阶段。在下采样阶段，主要进行卷积和池化，特征的尺寸一路下降，从原始的 416×416 图像变成 208×208 这样的特征，然后再变成 104×104，再变成 52×52，再变成 26×26，再变成 13×13 的特征。至此，下采样过程停止。在该阶段，在第 79 ～ 82 层，进行第一个分支的目标检测，输出特征的形状塑造为 13×13×255。在构造对应的目标向量时，相当于将图像进行 13×13 的网格单元划分，在每个网格单元 / 图像块对应一个目标列向量，目标矩阵 / 向量的构造方法下面将讲解。第 83 层复用第 79 层的特征，第 84 层进行一次 1×1 卷积。

然后，神经网络进入上采样阶段，在第 85 层，对 13×13 尺寸的特征，进行 2 倍上采样 / 反卷积，得到 26×26 尺寸的特征，将该特征与第一个阶段 / 下采样阶段对应的第 61 层的 26×26 的特征进行融合。融合后的特征表征能力更强，后续再进行若干正常的卷积，然后在第 92 ~ 94 层进行第二个分支的目标检测,输出形状为 26×26×255 的形状的预测矩阵,该预测矩阵同样需要对应的目标矩阵,相关计算方法将在下文介绍。

然后是 YOLO v3 神经网络结构的最后一部分,在第 97 层,先将 26×26 的特征图进行 2 倍上采样,得到 52×52 尺寸的特征图,并将该特征图和第一阶段 / 下采样阶段第 36 层所得到的 52×52 的特征进行融合,融合后的特征表征能力更强。后面再进行若干次正常的卷积运算,然后,进行第三次检测,输出一个形状为 52×52×255 的目标矩阵,用于检测小目标。该检测分支也需要构造对应的目标矩阵(需要将原图进行 52×52 的网格划分,然后寻找包含物体中心的网格单元 / 图像块)。

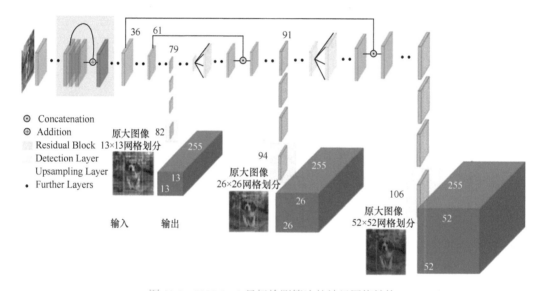

图 10-1   YOLO v3 目标检测算法的神经网络结构

整体而言,YOLO v3 的神经网络结构引入了多尺度目标检测的思想,通过一个神经网络的三个检测分支,分别输出特征尺寸为 13×13×255、26×26×255、52×52×255 的三个检测 / 预测结果,实现大目标、中等目标和小目标的检测全覆盖。

10.1.2   YOLO v3 目标矩阵构造方法

YOLO v3 对每个检测分支设置 3 种不同大小的锚框 / 参照框。例如,对输出形状为 13×13×255 的检测分支,使用 3 种较大的锚框。假定某幅图像中只有 3 个物体,如图 10-2 所示。假定对该图像进行 13×13 的划分,因此只有 3 个网格单元(图像块)包含了物体的中心,而其余 166 个网格单元都没有包含物体中心。下面对包含物体中心的 3 个网格单元(图像块)进行独立处理,然后再处理其他 166 个不包含物体中心的网格单元。

图 10-2　YOLO v3 目标检测算法中包含物体中心的 3 个网格单元 / 图像块示意图

　　首先，对每个网格单元（图像块）均设置与 3 种锚框一一对应的结构体变量。如图 10-3 所示，每个结构体变量包括：Po、物体中心在网格单元中的相对坐标 (tx,ty)、物体的宽和高与锚框的宽和高之比 (tw, th)，以及物体类别对应的 One-Hot 编码。其中，Po 的含义是 objectness，即该锚框中是否包含有物体。假定数据集为 MS COCO 数据集，该数据集共 80 个类别，故对应的 One-Hot 编码由 80 个元素 / 值组成。最后，每个锚框对应一个由 85 个变量组成的结构体变量，3 个锚框合计 255 个变量。

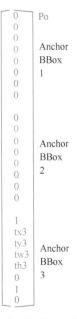

图 10-3　YOLO v3 目标检测算法中每个网格单元 / 图像块对应的目标列向量结构示意图

其次，对于包含物体中心的 3 个网格单元，如图 10-2 所示，计算每个网格单元 / 图像块上放置的 3 个锚框中，哪个或哪几个锚框在以网格单元 / 当前图像块的中心的位置上，与物体的标注框相交且 IoU 得分大于指定阈值，则将其 Po 置为 1（表示该锚框中包含有物体），然后计算物体的中心在网格单元中的相对坐标位置（网格单元的左上顶点为 (0,0)，右下顶点为 (1,1)），并计算物体的宽和高与当前锚框的宽和高之比，构造以下 5 个需要回归学习的变量：Po、物体中心在网格单元中的相对坐标 (tx, ty)、物体的宽和高与锚框的宽和高之比 (tw, th)，以及表示当前物体类别的 One-Hot 编码，如图 10-3 中的第三个锚框 /Anchor BBox 3 中的结构体变量所示。而对于三个网格单元 / 图像块中所放置的其他锚框，若该锚框与物体标注框的 IoU 得分低于阈值，则仅将其 Po 置为 0，而该锚框对应的结构体变量中的其他值，随机填值即可（因为不包含物体的锚框对应的结构体变量中，只有 Po 参与损失计算，其余变量不参与损失计算）。

而对于不包含物体中心的 166 个网格单元（图像块），如图 10-2 所示，每个网格单元 / 图像块也分别放置三个锚框。但对这些网格单元上放置的锚框，在构造每个锚框对应的结构体变量时，仅将对应的结构体变量中的 Po 置为 0，其余变量则随机赋值（原因同上，不包含物体的锚框，其对应的结构体变量中只有 Po 参与损失计算，其余变量均不参与损失计算）。

令某个物体的真实标注框为 gt，所使用的参照框 / 锚框为 anchor，物体在网格单元中的相对坐标位置及标注框 / 预测框与参照框的宽高比例关系 tx、ty、tw 和 th 的回归学习设置如下：

$$tx, ty = 物体中心在对应网格单元中的相对坐标位置 \tag{10-1}$$

$$tw = \log(gt\_width/anchor\_width) \tag{10-2}$$

$$th = \log(gt\_height/anchor\_height) \tag{10-3}$$

在预测阶段，输出预测框时需要将 tx、ty、tw 和 th 恢复为检测框 / 预测框 / 区域建议框的物理尺寸和大小，具体公式如下：

$$pre\_x = tx + 对应网格单元左上顶点的横坐标 \tag{10-4}$$

$$pre\_y = ty + 对应网格单元左上顶点的纵坐标 \tag{10-5}$$

$$pre\_width = anchor\_width \cdot e^{tw} \tag{10-6}$$

$$pre\_height = anchor\_height \cdot e^{th} \tag{10-7}$$

10.1.3　YOLO v3 损失函数设计

YOLO v3 目标检测算法的损失主要包含五部分，如式（10-8）所示，其中的前四部分都与包含物体中心且与物体标注框的 IoU 得分大于阈值的锚框相关，损失项包括 Po 的预测值和真实值（1）之间的误差计算、物体的中心网格单元中的相对位置 / 坐标值的预测值和真实值的误差计算、物体的宽和高与锚框的宽和高之比的预测值和真实值之间的误差，以及对物体的分类损失。以上共计四部分；然后对于其他锚框，仅计算其 Po 预测值和真实值（0）之间的损失，这是第五部分的损失计算。

对于包含物体中心的 3 个网格单元对应的锚框和结构体变量，相关损失计算如式（10-8）所示，需要计算的有：Po 的预测值（$\hat{p}_t$）和真实值（$p_i = 1$）之间的均方差损失 [详见式（10-8）的第 3 项]、物体中心在网格单元中的相对位置坐标的预测值和真实值之间的偏差 [仍然使用均方差损失，详见式（10-8）的第 1 项]，以及物体的宽高和锚框的宽高的比值的误差 [详见式（10-8）的第 2 项]，以上 5 个变量属于回归损失，除此之外，还有物体类别对应的分类损失。需要说明的是，对于分类损失，作者也采用了均方差损失，而不是常用的交叉熵损失 [详见式（10-8）的第 4 项]。I_{ij}^{obj} 表示包含物体中心的某个网格单元 (i, j)。

$$
\begin{aligned}
L = &\lambda_{\text{coord}} \sum_{i}^{S^2} \sum_{j}^{B} I_{ij}^{\text{obj}} [(x_i - \hat{x}_t)^2 + (y_i - \hat{y}_t)^2] + \\
&\lambda_{\text{coord}} \sum_{i}^{S^2} \sum_{j}^{B} I_{ij}^{\text{obj}} [(\sqrt{w_i} - \sqrt{\hat{w}_t})^2 + (\sqrt{h_i} - \sqrt{\hat{h}_t})^2] + \\
&\sum_{i}^{S^2} \sum_{j}^{B} I_{ij}^{\text{obj}} (p_i - \hat{p}_t)^2 + \\
&\sum_{i}^{S^2} I_{i}^{\text{obj}} \sum_{c \in \text{class}}^{B} (c_i - \hat{c}_t)^2 + \\
&\lambda_{\text{noobj}} \sum_{i}^{S^2} \sum_{j}^{B} I_{ij}^{\text{noobj}} (p_i - \hat{p}_t)^2
\end{aligned}
\tag{10-8}
$$

对于不包含物体中心的 166 个单元格对应的所有锚框和结构体变量，以及虽包含物体中心但与物体的标注框的 IoU 得分低于阈值的锚框及其结构体变量，仅计算其 Po 的预测值与 Po 的真实值（0）之间的误差 / 损失，不计算其他变量上的损失 [详见式（10-8）的第 5 项]。I_{ij}^{noobj} 表示不包含物体中心的某个网格单元 (i, j)。

总之，YOLO v3 神经网络结构一共有三个检测分支，分别输出形状为 13×13×255、26×26×255 和 52×52×255 的预测矩阵，用于检测大目标、中等尺寸的目标和小目标，每个分支都需要构造对应的目标矩阵和独立计算对应的损失，然后进行误差回传。

10.2　YOLO v3 目标检测实战

本节将准备目标检测所需的数据集，并基于 YOLO v3 进行目标检测。

10.2.1　数据准备

常用的目标检测数据集有 COCO、Pascal VOC 等，本节使用 Pascal VOC2007 数据集进行目标检测。首先通过下列代码将 Pascal VOC 数据集转换成所需的格式：

```python
from os import getcwd
import xml.etree.ElementTree as ET
classes = ["aeroplane", "bicycle", "bird", "boat", "bottle",
            "bus", "car", "cat", "chair", "cow", "diningtable", "dog", "horse",
            "motorbike", "person", "pottedplant", "sheep", "sofa", "train", "tvmonitor"]
def convert_annotation(year, image_id, list_file):
    in_file = open('./data/VOCdevkit/VOC%s/Annotations/%s.xml' % (year, image_id))
    tree = ET.parse(in_file)
    root = tree.getroot()
    for obj in root.iter('object'):
        difficult = 0
        if obj.find('difficult') != None:
            difficult = obj.find('difficult').text
        cls = obj.find('name').text
        if cls not in classes or int(difficult) == 1:
            continue
        cls_id = classes.index(cls)
        xmlbox = obj.find('bndbox')
        b = (int(xmlbox.find('xmin').text), int(xmlbox.find('ymin').text), int(xmlbox.find('xmax').text),
             int(xmlbox.find('ymax').text))
        list_file.write(" " + ",".join([str(a) for a in b]) + ',' + str(cls_id))


wd = getcwd()
sets=[('2007', 'train'), ('2007', 'val'), ('2007', 'test')]
for year, image_set in sets:
    image_ids = open('./data/VOCdevkit/VOC%s/ImageSets/Main/%s.txt' % (year,
image_set)).read().strip().split()
    list_file = open('%s_%s.txt' % (year, image_set), 'w')
    for image_id in image_ids:
        list_file.write('%s/data/VOCdevkit/VOC%s/JPEGImages/%s.jpg' % (wd, year, image_id))
        convert_annotation(year, image_id, list_file)
```

```
            list_file.write('\n')
        list_file.close()
```

运行上述代码，可以得到 2007_train、2007_eval 和 2007_test 三个 txt 文件，将 VOC 数据集分成训练集、验证集和测试集三份。以 2007_train 文件为例，里面保存的是训练集中的所有图像及其标注，包括图像地址、图像中目标框的坐标位置及目标类别。

首先，导入所需要的包：

```
import cv2
import torch
import math
import numpy as np
from tqdm import tqdm
import torch.nn as nn
from PIL import Image
from random import shuffle
import torch.optim as optim
from collections import OrderedDict
from torch.utils.data import DataLoader
from torch.utils.data.dataset import Dataset
```

在本节中，训练图像、目标框和目标类别通过 YOLODataset 数据封装类进行准备。通过 train_lines 参数将上述变换后的数据传入类中；通过 image_size 保证图像大小一致。要注意的是，由于数据经过 DarkNet53 后，特征图的尺寸会变为原来的 1/32，所以最好将图像的尺寸设置为 32 的倍数。图像和目标框坐标使用自定义的 mytransforms 方法进行预处理，包括改变图像尺寸、改变图像色彩度、调整目标框坐标位置等。最终，通过 YOLODataset 可以得到训练图像、目标框以及类别标签数据。其中，目标框的参数依次是中心点的 x 轴、y 轴坐标、框的宽和高。代码如下：

```
# 创建数据集
class YOLODataset(Dataset):
    def __init__(self, train_lines, image_size):
        super(YOLODataset, self).__init__()
        self.train_lines = train_lines
        self.train_batches = len(train_lines)
        self.image_size = image_size


    def __len__(self):
        return self.train_batches
```

```python
def rand(self, a=0, b=1):
    return np.random.rand() * (b - a) + a


# 随机的数据增强预处理
def mytransforms(self, annotation_line, input_shape, jitter=0.3, hue=0.1, sat=1.5, val=1.5):
    line = annotation_line.split()
    image = Image.open(line[0])
    iw, ih = image.size
    h, w = input_shape
    box = np.array([np.array(list(map(int, box.split(',')))) for box in line[1:]])
    # 调整图片大小
    new_ar = w / h * self.rand(1 - jitter, 1 + jitter) / self.rand(1 - jitter, 1 + jitter)
    scale = self.rand(.5, 1.5)
    if new_ar < 1:
        nh = int(scale * h)
        nw = int(nh * new_ar)
    else:
        nw = int(scale * w)
        nh = int(nw / new_ar)
    image = image.resize((nw, nh), Image.BICUBIC)
    # 放置图片
    dx = int(self.rand(0, w - nw))
    dy = int(self.rand(0, h - nh))
    new_image = Image.new('RGB', (w, h),
                (np.random.randint(0, 255), np.random.randint(0, 255), np.random.randint(0, 255)))
    new_image.paste(image, (dx, dy))
    image = new_image
    # 是否翻转图片
    flip = self.rand() < .5
    if flip:
        image = image.transpose(Image.FLIP_LEFT_RIGHT)
    # 色彩变换
    hue = self.rand(-hue, hue)
    sat = self.rand(1, sat) if self.rand() < .5 else 1 / self.rand(1, sat)
    val = self.rand(1, val) if self.rand() < .5 else 1 / self.rand(1, val)
    x = cv2.cvtColor(np.array(image,np.float32)/255, cv2.COLOR_RGB2HSV)
```

```python
        x[..., 0] += hue*360
        x[..., 0][x[..., 0]>1] -= 1
        x[..., 0][x[..., 0]<0] += 1
        x[..., 1] *= sat
        x[..., 2] *= val
        x[x[:,:, 0]>360, 0] = 360
        x[:, :, 1:][x[:, :, 1:]>1] = 1
        x[x<0] = 0
        image_data = cv2.cvtColor(x, cv2.COLOR_HSV2RGB)*255
        image_data = np.array(image_data, dtype=np.float32)
        image_data = np.transpose(image_data / 255.0, (2, 0, 1))
        #调整目标框坐标
        box_data = np.zeros((len(box), 5))
        if len(box) > 0:
            np.random.shuffle(box)
            box[:, [0, 2]] = box[:, [0, 2]] * nw / iw + dx
            box[:, [1, 3]] = box[:, [1, 3]] * nh / ih + dy
            if flip:
                box[:, [0, 2]] = w - box[:, [2, 0]]
            box[:, 0:2][box[:, 0:2] < 0] = 0
            box[:, 2][box[:, 2] > w] = w
            box[:, 3][box[:, 3] > h] = h
            box_w = box[:, 2] - box[:, 0]
            box_h = box[:, 3] - box[:, 1]
            box = box[np.logical_and(box_w > 1, box_h > 1)]    #保留有效框
            box_data = np.zeros((len(box), 5))
            box_data[:len(box)] = box
        if len(box) == 0:
            return image_data, []
        if (box_data[:, :4] > 0).any():
            return image_data, box_data
        else:
            return image_data, []


    def __getitem__(self, index):
        if index == 0:
            shuffle(self.train_lines)
```

```
            lines = self.train_lines
            n = self.train_batches
            index = index % n
            tmp_img, y = self.mytransforms(lines[index], self.image_size[0:2])
            if len(y) != 0:
                # 从坐标转换成 0 ~ 1 的百分比
                boxes = np.array(y[:, :4], dtype=np.float32)
                boxes[:, 0] = boxes[:, 0] / self.image_size[1]
                boxes[:, 1] = boxes[:, 1] / self.image_size[0]
                boxes[:, 2] = boxes[:, 2] / self.image_size[1]
                boxes[:, 3] = boxes[:, 3] / self.image_size[0]
                boxes = np.maximum(np.minimum(boxes, 1), 0)
                boxes[:, 2] = boxes[:, 2] - boxes[:, 0]
                boxes[:, 3] = boxes[:, 3] - boxes[:, 1]
                boxes[:, 0] = boxes[:, 0] + boxes[:, 2] / 2
                boxes[:, 1] = boxes[:, 1] + boxes[:, 3] / 2
                y = np.concatenate([boxes, y[:, -1:]], axis=-1)
            tmp_targets = np.array(y, dtype=np.float32)
            return tmp_img, tmp_targets
```

不同于以往的分类任务，需要自定义数据封装为 batch 的操作，代码如下：

```
# DataLoader 中 collate_fn 使用
def yolo_dataset_collate(batch):
    images = []
    bboxes = []
    for img, box in batch:
        images.append(img)
        tb = torch.from_numpy(box)
        bboxes.append(tb)
    images = np.array(images)
    images = torch.from_numpy(images)
    return images, bboxes
```

10.2.2　YOLO v3 神经网络实现 / 模型定义

本节尝试对 YOLO v3 模型进行编码实现。

YOLO v3 模型的特征提取网络使用 DarkNet53（10.1.1 节已介绍）。首先构造卷积块 Convolutional2D，并实现基本的残差模块 ResidualBlock，以简化后续代码。然后，使用上述卷积块和残差块实现 DarkNet53 的骨干网络。DarkNet53 的骨干网络主要由 1 个卷积和 5 组残差模块组成，第 1 组残差模块包含一个残差块，第 2 组残差模块包含 2 个残差块，第 3 和第 4 组残差模块包含 8 个残差块，第 5 组残差模块包含 4 个残差块。代码如下：

```python
#重新构造卷积模块，简化代码编写
def Convolutional2D(in_channel, out_channel, kernel_size, stride, padding=0):
    return nn.Sequential(
        nn.Conv2d(in_channel, out_channel, kernel_size=kernel_size,
                                    stride=stride, padding=padding, bias=False),
        nn.BatchNorm2d(out_channel),
        nn.LeakyReLU(0.1)
    )


#基本的残差块
class ResidualBlock(nn.Module):
    def __init__(self, in_channel, channels):
        super(ResidualBlock, self).__init__()
        self.conv1 = Convolutional2D(in_channel, channels[0], kernel_size=1, stride=1, padding=0)
        self.conv2 = Convolutional2D(channels[0], channels[1], kernel_size=3, stride=1, padding=1)


    def forward(self, x):
        residual = x
        out = self.conv1(x)
        out = self.conv2(out)
        out += residual
        return out


#DarkNet 网络
class DarkNet(nn.Module):
    def __init__(self, layers):
        super(DarkNet, self).__init__()
        self.inplanes = 32
        self.conv = Convolutional2D(3, self.inplanes, kernel_size=3, stride=1, padding=1)
        self.layer1 = self._make_layer([32, 64], layers[0])
        self.layer2 = self._make_layer([64, 128], layers[1])
        self.layer3 = self._make_layer([128, 256], layers[2])
        self.layer4 = self._make_layer([256, 512], layers[3])
        self.layer5 = self._make_layer([512, 1024], layers[4])
```

```
        self.layers_out_filters = [64, 128, 256, 512, 1024]


    def _make_layer(self, planes, blocks):
        layers = []
        # 下采样，步长为2，卷积核大小为3
        layers.append(("down_conv", Convolutional2D(self.inplanes, planes[1], 3, 2, 1)))
        # 加入残差模块
        self.inplanes = planes[1]
        for i in range(0, blocks):
            layers.append(("ConvResidual{}".format(i), ResidualBlock(self.inplanes, planes)))
        return nn.Sequential(OrderedDict(layers))


    def forward(self, x):
        x = self.conv(x)
        x = self.layer1(x)
        x = self.layer2(x)
        out3 = self.layer3(x)
        out4 = self.layer4(out3)
        out5 = self.layer5(out4)
        return out3, out4, out5


# 构造 DarkNet53 网络
def DarkNet53(pretrained=None, **kwargs):
    model = DarkNet([1, 2, 8, 8, 4])
    if pretrained:
        model.load_state_dict(torch.load(pretrained))
    return model
```

构造出 DarkNet53 的骨干网络之后，使用该网络作为 YOLO v3 模型的骨干网络（特征提取网络），之后开始实现 YOLO v3 模型。对于 YOLO v3 模型的每个预测分支，首先实现 Convolutional_Set 卷积组，对主干网络的输出特征进行进一步的卷积处理，之后经过 Out_Conv 卷积块的变换，最终输出 YOLO v3 的预测结果。使用 final_out_channel 参数计算每个分支最终输出的通道数。代码如下：

```
def Convolutional_Set(in_channel, channel_list):
    return nn.Sequential(OrderedDict([
        ('conv0',Convolutional2D(in_channel, channel_list[0], 1, 1, 0)),
        ('conv1', Convolutional2D(channel_list[0], channel_list[1], 3, 1, 1)),
```

```
            ('conv2', Convolutional2D(channel_list[1], channel_list[0], 1, 1, 0)),
            ('conv3', Convolutional2D(channel_list[0], channel_list[1], 3, 1, 1)),
            ('conv5', Convolutional2D(channel_list[1], channel_list[0], 1, 1, 0)),
    ]))


def Out_Conv(in_channel, hidden_channel, out_channel):
    return nn.Sequential(OrderedDict([
            ('conv3×3', Convolutional2D(in_channel, hidden_channel, 3, 1, 1)),
            ('conv1×1', nn.Conv2d(hidden_channel, out_channel, 1, 1, 0, bias=True))
    ]))


# 构造 YOLO v3 模型
class YoloBody(nn.Module):
    def __init__(self, config):
        super(YoloBody, self).__init__()
        self.config = config
        # backbone
        self.backbone = darknet53()
        out_channels = self.backbone.layers_out_filters
        final_out_channel0 = len(config["yolo"]["anchors"][0]) * (5 + config["yolo"]["classes"])
        self.conv_set0 = Convolutional_Set(out_channels[-1], [512, 1024])
        self.out_layer0 = Out_Conv(512, 1024, final_out_channel0)
        final_out_channel1 = len(config["yolo"]["anchors"][1]) * (5 + config["yolo"]["classes"])
        self.out_layer1_conv = Convolutional2D(512, 256, 1, 1, 0)
        self.out_layer1_upsample = nn.Upsample(scale_factor=2, mode='nearest')
        self.conv_set1 = Convolutional_Set(out_channels[-2]+256, [256, 512])
        self.out_layer1 = Out_Conv(256, 512, final_out_channel1)
        final_out_channel2 = len(config["yolo"]["anchors"][2]) * (5 + config["yolo"]["classes"])
        self.out_layer2_conv = Convolutional2D(256, 128, 1, 1, 0)
        self.out_layer2_upsample = nn.Upsample(scale_factor=2, mode='nearest')
        self.conv_set2 = Convolutional_Set(out_channels[-3] + 128, [128, 256])
        self.out_layer2 = Out_Conv(128, 256, final_out_channel2)

    def forward(self, x):
        x2, x1, x0 = self.backbone(x)
        # YOLO v3 分支 0
        x0 = self.conv_set0(x0)
```

```
        out0 = self.out_layer0(x0)
        # YOLO v3 分支 1
        x1_in = self.out_layer1_conv(x0)
        x1_in = self.out_layer1_upsample(x1_in)
        x1 = torch.cat([x1_in, x1], 1)
        x1 = self.conv_set1(x1)
        out1 = self.out_layer1(x1)
        # YOLO v3 分支 2
        x2_in = self.out_layer2_conv(x1)
        x2_in = self.out_layer2_upsample(x2_in)
        x2 = torch.cat([x2_in, x2], 1)
        x2 = self.conv_set2(x2)
        out2 = self.out_layer2(x2)
        return out0, out1, out2
```

以下是 YOLO v3 所需要的基本参数，包括输入图像尺寸、anchor 尺寸，以及目标类别数量：

```
Config = {
    "yolo": {
        "anchors": [[[116, 90], [156, 198], [373, 326]],
                    [[30, 61], [62, 45], [59, 119]],
                    [[10, 13], [16, 30], [33, 23]]],
        "classes": 20,
    },
    "img_h": 416,
    "img_w": 416,
}
```

10.2.3 损失定义

YOLO v3 的损失主要由目标框的定位损失、分类损失和目标置信度损失构成。首先，实现计算损失所需要的工具函数 jaccard，用来计算两个框之间的 IOU：

```
#计算两个框之间的 IOU
def jaccard(_box_a, _box_b):
    #变换数据格式
    b1_x1, b1_x2 = _box_a[:, 0] - _box_a[:, 2] / 2, _box_a[:, 0] + _box_a[:, 2] / 2
```

```
b1_y1, b1_y2 = _box_a[:, 1] - _box_a[:, 3] / 2, _box_a[:, 1] + _box_a[:, 3] / 2
b2_x1, b2_x2 = _box_b[:, 0] - _box_b[:, 2] / 2, _box_b[:, 0] + _box_b[:, 2] / 2
b2_y1, b2_y2 = _box_b[:, 1] - _box_b[:, 3] / 2, _box_b[:, 1] + _box_b[:, 3] / 2
box_a = torch.zeros_like(_box_a)
box_b = torch.zeros_like(_box_b)
box_a[:, 0], box_a[:, 1], box_a[:, 2], box_a[:, 3] = b1_x1, b1_y1, b1_x2, b1_y2
box_b[:, 0], box_b[:, 1], box_b[:, 2], box_b[:, 3] = b2_x1, b2_y1, b2_x2, b2_y2
A = box_a.size(0)
B = box_b.size(0)
max_xy = torch.min(box_a[:, 2:].unsqueeze(1).expand(A, B, 2),
                   box_b[:, 2:].unsqueeze(0).expand(A, B, 2))
min_xy = torch.max(box_a[:, :2].unsqueeze(1).expand(A, B, 2),
                   box_b[:, :2].unsqueeze(0).expand(A, B, 2))
inter = torch.clamp((max_xy - min_xy), min=0)
inter = inter[:, :, 0] * inter[:, :, 1]
# 计算先验框和真实框各自的面积
area_a = ((box_a[:, 2] - box_a[:, 0]) *
          (box_a[:, 3] - box_a[:, 1])).unsqueeze(1).expand_as(inter)
area_b = ((box_b[:, 2] - box_b[:, 0]) *
          (box_b[:, 3] - box_b[:, 1])).unsqueeze(0).expand_as(inter)
# 求 IOU
union = area_a + area_b - inter
return inter / union
```

　　YOLO v3 计算损失时，首先将真实框尺寸按比例缩放到符合输入图像的尺寸，然后调用 get_target 方法计算出真实框在特征图上的中心点坐标和宽高值（gxs、gys、gws 和 ghs），接下来计算先验框和真实框的 IOU，得到与真实框重合度最高的先验框，将之作为含有目标的正样本，最终计算出真实框相对于 anchor 框的真实偏移量和缩放尺度（tx、ty、tw 和 th）。接着使用 get_ignore 方法选择出那些与真实框的重合度大于某个阈值，但与真实框的重合度不是最高的先验框，将之忽略。正样本是与真实框 IOU 最大的先验框，Po 置为 1，计算回归的目标（tx、ty、tw 和 th）；负样本是所有与真实框的 IOU 小于阈值的先验框，Po 置为 0，无须计算（tx、ty、tw 和 th）中的值，即无须赋值。

　　对于正样本，对其使用二元交叉熵损失（BCE Loss）计算类别损失和目标置信度（Po）损失，这与式（10-8）稍有不同。使用均方误差损失（MSE Loss）计算目标定位框损失（包括先验框中心点坐标 x、y 的偏移量误差以及先验框宽高的缩放误差），对于负样本，只计算它的目标置信度损失。得到各项损失之后，按照一定的比例相加，得到总损失，代码如下：

```python
def clip_by_tensor(t, t_min, t_max):
    t = t.float()
    result = (t >= t_min).float() * t + (t < t_min).float() * t_min
    result = (result <= t_max).float() * result + (result > t_max).float() * t_max
    return result


# MSE 损失
def MSELoss(pred, target):
    return (pred - target) ** 2


# BCE 损失
def BCELoss(pred, target):
    epsilon = 1e-7
    pred = clip_by_tensor(pred, epsilon, 1.0 - epsilon)
    output = -target * torch.log(pred) - (1.0 - target) * torch.log(1.0 - pred)
    return output


# 创建 YoLo 的损失类
class YOLOLoss(nn.Module):
    def __init__(self, anchors, num_classes, img_size, cuda):
        super(YOLOLoss, self).__init__()
        self.anchors = anchors
        self.num_anchors = len(anchors)
        self.num_classes = num_classes
        self.bbox_attrs = 5 + num_classes
        self.feature_length = [img_size[0] // 32, img_size[0] // 16, img_size[0] // 8]
        self.img_size = img_size
        self.ignore_threshold = 0.5
        self.lambda_xy = 1.0
        self.lambda_wh = 1.0
        self.lambda_conf = 1.0
        self.lambda_cls = 1.0
        self.cuda = cuda

    def forward(self, input, targets=None):
        bs = input.size(0)
        # 特征层的高
```

```
in_h = input.size(2)
#特征层的宽
in_w = input.size(3)
#计算步长
stride_h = self.img_size[1] / in_h
stride_w = self.img_size[0] / in_w
#把先验框的尺寸调整为特征层上对应的宽高
scaled_anchors = [(a_w / stride_w, a_h / stride_h) for a_w, a_h in self.anchors]
prediction = input.view(bs, int(self.num_anchors / 3),
                        self.bbox_attrs, in_h, in_w).permute(0, 1, 3, 4, 2).contiguous()
#对 prediction 预测的 (x,y,w,h,confidence, class) 进行调整
x = torch.sigmoid(prediction[..., 0])
y = torch.sigmoid(prediction[..., 1])
w = prediction[..., 2]
h = prediction[..., 3]
conf = torch.sigmoid(prediction[..., 4])
pred_cls = torch.sigmoid(prediction[..., 5:])
#找到哪些先验框内部包含物体
mask, noobj_mask, tx, ty, tw, th, tconf, tcls, box_loss_scale_x, box_loss_scale_y = \
    self.get_target(targets, scaled_anchors, in_w, in_h)
#排除无用的预测
noobj_mask = self.get_ignore(prediction, targets, scaled_anchors, in_w, in_h, noobj_mask)
if self.cuda:
    box_loss_scale_x = (box_loss_scale_x).cuda()
    box_loss_scale_y = (box_loss_scale_y).cuda()
    mask, noobj_mask = mask.cuda(), noobj_mask.cuda()
    tx, ty, tw, th = tx.cuda(), ty.cuda(), tw.cuda(), th.cuda()
    tconf, tcls = tconf.cuda(), tcls.cuda()
box_loss_scale = 2 - box_loss_scale_x * box_loss_scale_y
#分别计算 (x,y,w,h,confidence, class) 的损失
loss_x = torch.sum(MSELoss(x, tx) / bs * box_loss_scale * mask)
loss_y = torch.sum(MSELoss(y, ty) / bs * box_loss_scale * mask)
loss_w = torch.sum(MSELoss(w, tw) / bs * 0.5 * box_loss_scale * mask)
loss_h = torch.sum(MSELoss(h, th) / bs * 0.5 * box_loss_scale * mask)
loss_conf = torch.sum(BCELoss(conf, mask) * mask / bs) + \
            torch.sum(BCELoss(conf, mask) * noobj_mask / bs)
loss_cls = torch.sum(BCELoss(pred_cls[mask == 1], tcls[mask == 1]) / bs)
```

```
            # 计算总损失
            loss = loss_x * self.lambda_xy + loss_y * self.lambda_xy + \
                    loss_w * self.lambda_wh + loss_h * self.lambda_wh + \
                    loss_conf * self.lambda_conf + loss_cls * self.lambda_cls
            return loss


    # 获得真实框的参数以及与真实框匹配的正样本
    def get_target(self, target, anchors, in_w, in_h):
        # 计算一共有多少张图片
        bs = len(target)
        # 获得先验框
        anchor_index = [[0, 1, 2], [3, 4, 5], [6, 7, 8]][self.feature_length.index(in_w)]
        subtract_index = [0, 3, 6][self.feature_length.index(in_w)]
        # 创建全是 0 或全是 1 的阵列
        mask = torch.zeros(bs, int(self.num_anchors / 3), in_h, in_w, requires_grad=False)
        noobj_mask = torch.ones(bs, int(self.num_anchors / 3), in_h, in_w, requires_grad=False)
        tx = torch.zeros(bs, int(self.num_anchors / 3), in_h, in_w, requires_grad=False)
        ty = torch.zeros(bs, int(self.num_anchors / 3), in_h, in_w, requires_grad=False)
        tw = torch.zeros(bs, int(self.num_anchors / 3), in_h, in_w, requires_grad=False)
        th = torch.zeros(bs, int(self.num_anchors / 3), in_h, in_w, requires_grad=False)
        tconf = torch.zeros(bs, int(self.num_anchors / 3), in_h, in_w, requires_grad=False)
        tcls = torch.zeros(bs, int(self.num_anchors / 3), in_h, in_w, self.num_classes, requires_grad=False)
        box_loss_scale_x = torch.zeros(bs, int(self.num_anchors / 3), in_h, in_w, requires_grad=False)
        box_loss_scale_y = torch.zeros(bs, int(self.num_anchors / 3), in_h, in_w, requires_grad=False)
        for b in range(bs):
            if len(target[b]) = = 0:
                continue
            # 计算出在特征层上的点位
            gxs = target[b][:, 0:1] * in_w
            gys = target[b][:, 1:2] * in_h
            gws = target[b][:, 2:3] * in_w
            ghs = target[b][:, 3:4] * in_h
            # 计算属于哪个网格
            gis = torch.floor(gxs)
            gjs = torch.floor(gys)
            # 计算真实框的大小
            gt_box = torch.FloatTensor(
```

```
    torch.cat([torch.zeros_like(gws), torch.zeros_like(ghs), gws, ghs], 1))
# 计算所有先验框的大小
anchor_shapes = torch.FloatTensor(
    torch.cat((torch.zeros((self.num_anchors, 2)), torch.FloatTensor(anchors)), 1))
# 计算重合程度
anch_ious = jaccard(gt_box, anchor_shapes)
# 找到最匹配的锚框 / 先验框
best_ns = torch.argmax(anch_ious, dim=-1)
for i, best_n in enumerate(best_ns):
    if best_n not in anchor_index:
        continue
    # Masks
    gi = gis[i].long()
    gj = gjs[i].long()
    gx = gxs[i]
    gy = gys[i]
    gw = gws[i]
    gh = ghs[i]
    # Masks
    if (gj < in_h) and (gi < in_w):
        best_n = best_n - subtract_index
        # 判定哪些先验框内部真实的存在物体
        noobj_mask[b, best_n, gj, gi] = 0
        mask[b, best_n, gj, gi] = 1
        # 计算先验框中心调整参数
        tx[b, best_n, gj, gi] = gx - gi.float()
        ty[b, best_n, gj, gi] = gy - gj.float()
        # 计算先验框宽高调整参数
        tw[b, best_n, gj, gi] = math.log(gw / anchors[best_n + subtract_index][0])
        th[b, best_n, gj, gi] = math.log(gh / anchors[best_n + subtract_index][1])
        # 用于获得 xywh 的比例
        box_loss_scale_x[b, best_n, gj, gi] = target[b][i, 2]
        box_loss_scale_y[b, best_n, gj, gi] = target[b][i, 3]
        # 物体置信度
        tconf[b, best_n, gj, gi] = 1
        # 种类
        tcls[b, best_n, gj, gi, int(target[b][i, 4])] = 1
```

```
            else:
                    #操作超出图像范围
                continue
        return mask, noobj_mask, tx, ty, tw, th, tconf, tcls, box_loss_scale_x, box_loss_scale_y


    #忽略与真实框重合度不是最大，但与真实框重合度高于阈值的先验框
    def get_ignore(self, prediction, target, scaled_anchors, in_w, in_h, noobj_mask):
        bs = len(target)
        anchor_index = [[0, 1, 2], [3, 4, 5], [6, 7, 8]][self.feature_length.index(in_w)]
        scaled_anchors = np.array(scaled_anchors)[anchor_index]
        #先验框中心位置的调整参数
        x = torch.sigmoid(prediction[..., 0])
        y = torch.sigmoid(prediction[..., 1])
        #先验框的宽高调整参数
        w = prediction[..., 2]
        h = prediction[..., 3]
        FloatTensor = torch.cuda.FloatTensor if x.is_cuda else torch.FloatTensor
        LongTensor = torch.cuda.LongTensor if x.is_cuda else torch.LongTensor
        #生成网格，先验框中心，网格左上角
        grid_x = torch.linspace(0, in_w - 1, in_w).repeat(in_w, 1).repeat(
            int(bs * self.num_anchors / 3), 1, 1).view(x.shape).type(FloatTensor)
        grid_y = torch.linspace(0, in_h - 1, in_h).repeat(in_h, 1).t().repeat(
            int(bs * self.num_anchors / 3), 1, 1).view(y.shape).type(FloatTensor)
        #生成先验框的宽高
        anchor_w = FloatTensor(scaled_anchors).index_select(1, LongTensor([0]))
        anchor_h = FloatTensor(scaled_anchors).index_select(1, LongTensor([1]))
        anchor_w = anchor_w.repeat(bs, 1).repeat(1, 1, in_h * in_w).view(w.shape)
        anchor_h = anchor_h.repeat(bs, 1).repeat(1, 1, in_h * in_w).view(h.shape)
        #计算调整后的先验框中心与宽高
        pred_boxes = FloatTensor(prediction[..., :4].shape)
        pred_boxes[..., 0] = x.data + grid_x
        pred_boxes[..., 1] = y.data + grid_y
        pred_boxes[..., 2] = torch.exp(w.data) * anchor_w
        pred_boxes[..., 3] = torch.exp(h.data) * anchor_h
        for i in range(bs):
            pred_boxes_for_ignore = pred_boxes[i]
            pred_boxes_for_ignore = pred_boxes_for_ignore.view(-1, 4)
```

```
            if len(target[i]) > 0:
                gx = target[i][:, 0:1] * in_w
                gy = target[i][:, 1:2] * in_h
                gw = target[i][:, 2:3] * in_w
                gh = target[i][:, 3:4] * in_h
                gt_box = torch.FloatTensor(torch.cat([gx, gy, gw, gh], -1)).type(FloatTensor)
                anch_ious = jaccard(gt_box, pred_boxes_for_ignore)
                anch_ious_max, _ = torch.max(anch_ious, dim=0)
                anch_ious_max = anch_ious_max.view(pred_boxes[i].size()[:3])
                noobj_mask[i][anch_ious_max > self.ignore_threshold] = 0
        return noobj_mask
```

10.2.4　整体训练流程

模型通过自定义 train() 方法进行训练，并在每个 Epoch 之后进行验证。在模型的训练过程中，使用 10.2.3 节定义的损失函数计算损失，使用 torch.optim.Adam() 优化器对模型参数进行优化，使用 torch.optim.lr_scheduler.StepLR() 对学习率进行调整。

1.　定义训练方法

```
#定义训练方法
def train(net, yolo_losses, gen, genval, start_epoch, final_epoch, lr, device):
    net = net.to(device)
    optimizer = optim.Adam(net.parameters(), lr)
    lr_scheduler = optim.lr_scheduler.StepLR(optimizer, step_size=1, gamma=0.95)
    net.train()
    for epoch in range(start_epoch, final_epoch):
        total_loss = 0
        val_loss = 0
        with tqdm(total=len(gen), desc=f'Epoch {epoch + 1}/{final_epoch}',
                                        postfix=dict, mininterval=0.3) as pbar:
            for iteration, batch in enumerate(gen):
                images, targets = batch[0], batch[1]
                images = images.to(device)
                outputs = net(images)
                optimizer.zero_grad()
                losses = []
                for i in range(3):
```

```
                        loss_item = yolo_losses[i](outputs[i], targets)
                        losses.append(loss_item)
                    loss = sum(losses)
                    loss.backward()
                    optimizer.step()
                    total_loss += loss.item()
                    pbar.set_postfix(**{'total_loss': total_loss / (iteration + 1)})
                    pbar.update(1)
        print('Start Validation')
        with tqdm(total=len(genval), desc=f'Epoch {epoch + 1}/{final_epoch}',
                                        postfix=dict, mininterval=0.3) as pbar:
            for iteration, batch in enumerate(genval):
                images, targets = batch[0], batch[1]
                with torch.no_grad():
                    images = images.to(device)
                    outputs = net(images)
                    optimizer.zero_grad()
                    losses = []
                    for i in range(3):
                        loss_item = yolo_losses[i](outputs[i], targets)
                        losses.append(loss_item)
                    loss = sum(losses)
                    val_loss += loss.item()
                pbar.set_postfix(**{'total_loss': val_loss / (iteration + 1)})
                pbar.update(1)
        lr_scheduler.step()
        print('Epoch:' + str(epoch + 1) + '/' + str(final_epoch))
        print('Total Loss: %.4f || Val Loss: %.4f ' % (total_loss / len(gen), val_loss / len(gen_val)))
        torch.save(model.state_dict(), './ YOLO v3.pth')
```

2. 训练阶段

在开始训练前，我们对 YOLO v3 模型加载预训练权重，只使用少量数据进行演示性训练。只使用 2007_train 中的数据，按照 9∶1 的比例分为训练集和验证集。

将上述数据集、模型和训练方法定义好之后，便可以开始对模型进行训练。加载预训练参数的 YOLO v3 的训练过程分为两个部分，第一阶段将模型主干网络的参数冻结，只训练 YOLO v3 的三个分支；第二阶段将模型主干网络的参数解冻，整个 YOLO v3 模型参数共同微调训练。在下列代码中，第一阶段训练了 50 个 Epoch，第二阶段训练了 50 个 Epoch：

```python
if __name__ == "__main__":
    device = torch.device('cuda' if torch.cuda.is_available() else 'cpu')
    if torch.cuda.is_available():
        Cuda = True
    else:
        Cuda = False
    # 数据集准备：0.9 用于训练，0.1 用于验证
    val_split = 0.1
    annotation_path = '2007_train.txt'
    with open(annotation_path) as f:
        lines = f.readlines()
    np.random.seed(10101)
    np.random.shuffle(lines)
    np.random.seed(None)
    num_val = int(len(lines) * val_split)
    num_train = len(lines) - num_val
    Batch_size = 1
    train_dataset = YOLODataset(lines[:num_train], (Config["img_h"], Config["img_w"]))
    val_dataset = YOLODataset(lines[num_train:], (Config["img_h"], Config["img_w"]))
    gen = DataLoader(train_dataset, batch_size=Batch_size, num_workers=4, pin_memory=False,
                    drop_last=True, shuffle=True, collate_fn=yolo_dataset_collate)
    gen_val = DataLoader(val_dataset, batch_size=Batch_size, num_workers=4, pin_memory=False,
                    drop_last=True, shuffle=False, collate_fn=yolo_dataset_collate)
    # 创建模型并初始化参数
    print('Loading weights into state dict...')
    model = YoloBody(Config)
    model_dict = model.state_dict()
    pretrained_dict = torch.load("./yolo_weights.pth", map_location=device)
    pretrained_dict = {k: v for k, v in pretrained_dict.items() if np.shape(model_dict[k]) == np.shape(v)}
    model_dict.update(pretrained_dict)
    model.load_state_dict(model_dict)
    print('Finished!')
    # 建立 loss 函数
    yolo_losses = []
    for i in range(3):
        yolo_losses.append(YOLOLoss(np.reshape(Config["yolo"]["anchors"], [-1, 2]),
                        Config["yolo"]["classes"], (Config["img_w"], Config["img_h"]), Cuda))
```

```
            if True:
                lr = 1e-3
                Init_Epoch = 0
                Freeze_Epoch = 50
                #冻结一定部分训练
                for param in model.backbone.parameters():
                    param.requires_grad = False
                train(model, yolo_losses, gen, gen_val, Init_Epoch, Freeze_Epoch, lr, device)
            if True:
                lr = 1e-4
                Freeze_Epoch = 50
                Unfreeze_Epoch = 100
                #解冻后训练
                for param in model.backbone.parameters():
                    param.requires_grad = True
                train(model, yolo_losses, gen, gen_val, Freeze_Epoch, Unfreeze_Epoch, lr, device)
```

10.2.5　效果展示

运行上述训练程序共 100 个 Epoch，可以得到在 VOC2007 数据集上训练好的 YOLO v3 模型，通过下列测试代码，就可以测试 YOLO v3 模型对图像的检测效果：

```
import torch
import torch.nn as nn
import numpy as np
import colorsys
from torchvision.ops import nms
from PIL import Image, ImageDraw, ImageFont


#解码器，将预测的偏移值转化为预测的坐标值
class DecodeBox(nn.Module):
    def __init__(self, anchors, num_classes, img_size):
        super(DecodeBox, self).__init__()
        self.anchors = anchors
        self.num_anchors = len(anchors)
        self.num_classes = num_classes
        self.bbox_attrs = 5 + num_classes
```

```python
        self.img_size = img_size

    def forward(self, input):
        batch_size = input.size(0)
        input_height = input.size(2)
        input_width = input.size(3)
        # 计算步长
        stride_h = self.img_size[1] / input_height
        stride_w = self.img_size[0] / input_width
        # 归一到特征层上
        scaled_anchors = [(anchor_width / stride_w, anchor_height / stride_h)
                            for anchor_width, anchor_height in self.anchors]
        # 对预测结果进行 resize
        prediction = input.view(batch_size, self.num_anchors, self.bbox_attrs,
                            input_height, input_width).permute(0, 1, 3, 4, 2).contiguous()
        # 先验框的中心位置的调整参数
        x = torch.sigmoid(prediction[..., 0])
        y = torch.sigmoid(prediction[..., 1])
        # 先验框的宽高调整参数
        w = prediction[..., 2]
        h = prediction[..., 3]
        # 获得置信度，是否有物体
        conf = torch.sigmoid(prediction[..., 4])
        # 种类置信度
        pred_cls = torch.sigmoid(prediction[..., 5:])
        FloatTensor = torch.cuda.FloatTensor if x.is_cuda else torch.FloatTensor
        LongTensor = torch.cuda.LongTensor if x.is_cuda else torch.LongTensor
        # 生成网格，先验框中心，网格左上角
        grid_x = torch.linspace(0, input_width-1, input_width).repeat(input_width, 1).repeat(
            batch_size * self.num_anchors, 1, 1).view(x.shape).type(FloatTensor)
        grid_y = torch.linspace(0, input_height-1, input_height).repeat(input_height, 1).t().repeat(
            batch_sizc*sclf.num_anchors, 1, 1).view(y.shape).type(FloatTensor)
        # 生成先验框的宽高
        anchor_w = FloatTensor(scaled_anchors).index_select(1, LongTensor([0]))
        anchor_h = FloatTensor(scaled_anchors).index_select(1, LongTensor([1]))
        anchor_w = anchor_w.repeat(batch_size, 1).repeat(1, 1, input_height * input_width).view(w.shape)
        anchor_h = anchor_h.repeat(batch_size, 1).repeat(1, 1, input_height * input_width).view(h.shape)
```

```
            #计算调整后的先验框中心与宽高
            pred_boxes = FloatTensor(prediction[..., :4].shape)
            pred_boxes[..., 0] = x.data + grid_x
            pred_boxes[..., 1] = y.data + grid_y
            pred_boxes[..., 2] = torch.exp(w.data) * anchor_w
            pred_boxes[..., 3] = torch.exp(h.data) * anchor_h
            #用于将输出调整为相对于416×416的大小
            _scale = torch.Tensor([stride_w, stride_h] * 2).type(FloatTensor)
            output = torch.cat((pred_boxes.view(batch_size, -1, 4) * _scale,conf.view(batch_size, -1, 1),
                                pred_cls.view(batch_size, -1, self.num_classes)), -1)
            return output.data


#变换图片，使之符合模型输入的尺寸
def letterbox_image(image, size):
    iw, ih = image.size
    w, h = size
    scale = min(w / iw, h / ih)
    nw = int(iw * scale)
    nh = int(ih * scale)
    image = image.resize((nw, nh), Image.BICUBIC)
    new_image = Image.new('RGB', size, (128, 128, 128))
    new_image.paste(image, ((w - nw) // 2, (h - nh) // 2))
    return new_image


def yolo_correct_boxes(top, left, bottom, right, input_shape, image_shape):
    new_shape = image_shape*np.min(input_shape/image_shape)
    offset = (input_shape-new_shape)/2./input_shape
    scale = input_shape/new_shape
    box_yx = np.concatenate(((top+bottom)/2,(left+right)/2),axis=-1)/input_shape
    box_hw = np.concatenate((bottom-top,right-left),axis=-1)/input_shape
    box_yx = (box_yx - offset) * scale
    box_hw *= scale
    box_mins = box_yx - (box_hw / 2.)
    box_maxes = box_yx + (box_hw / 2.)
    boxes = np.concatenate([
        box_mins[:, 0:1],
        box_mins[:, 1:2],
```

```
            box_maxes[:, 0:1],
            box_maxes[:, 1:2]
    ],axis=-1)
    boxes *= np.concatenate([image_shape, image_shape],axis=-1)
    return boxes


# 非极大抑制 NMS 获得最准确的预测
def non_max_suppression(prediction, num_classes, conf_thres=0.5, nms_thres=0.4):
    # 求左上角和右下角
    box_corner = prediction.new(prediction.shape)
    box_corner[:, :, 0] = prediction[:, :, 0] - prediction[:, :, 2] / 2
    box_corner[:, :, 1] = prediction[:, :, 1] - prediction[:, :, 3] / 2
    box_corner[:, :, 2] = prediction[:, :, 0] + prediction[:, :, 2] / 2
    box_corner[:, :, 3] = prediction[:, :, 1] + prediction[:, :, 3] / 2
    prediction[:, :, :4] = box_corner[:, :, :4]
    output = [None for _ in range(len(prediction))]
    for image_i, image_pred in enumerate(prediction):
        # 获得种类及其置信度
        class_conf, class_pred = torch.max(image_pred[:, 5:5 + num_classes], 1, keepdim=True)
        # 利用置信度进行第一轮筛选
        conf_mask = (image_pred[:, 4] * class_conf[:, 0] >= conf_thres).squeeze()
        image_pred = image_pred[conf_mask]
        class_conf = class_conf[conf_mask]
        class_pred = class_pred[conf_mask]
        if not image_pred.size(0):
            continue
        # 获得的内容为 (x1, y1, x2, y2, obj_conf, class_conf, class_pred)
        detections = torch.cat((image_pred[:, :5], class_conf.float(), class_pred.float()), 1)
        # 获得种类
        unique_labels = detections[:, -1].cpu().unique()
        if prediction.is_cuda:
            unique_labels = unique_labels.cuda()
            detections = detections.cuda()
        for c in unique_labels:
            # 获得某一类初步筛选后全部的预测结果
            detections_class = detections[detections[:, -1] == c]
            # 非极大抑制
```

```
                keep = nms(
                    detections_class[:, :4],
                    detections_class[:, 4] * detections_class[:, 5],
                    nms_thres
                )
                max_detections = detections_class[keep]
                output[image_i] = max_detections
    return output

# YOLO v3 检测的测试类
class YOLO(object):
    def __init__(self, model_path, classes, config, **kwargs):
        self.config = config
        self.path = model_path
        self.class_names = classes
        self.image_size = (416, 416, 3)
        self.confidence = 0.5
        self.iou = 0.3
        self.cuda = torch.cuda.is_available()
        self.generate()
    # YOLO v3 模型及解码器
    def generate(self):
        self.config["yolo"]["classes"] = len(self.class_names)
        self.net = YoloBody(self.config)
        # 加快模型训练的效率
        print('Loading weights into state dict...')
        device = torch.device('cuda' if torch.cuda.is_available() else 'cpu')
        state_dict = torch.load(self.path, map_location=device)
        self.net.load_state_dict(state_dict)
        print("Finish!")
        self.net = self.net.eval()
        if self.cuda:
            self.net = self.net.cuda()
        # 初始化解码器
        self.yolo_decodes = []
        for i in range(3):
            self.yolo_decodes.append(DecodeBox(self.config["yolo"]["anchors"][i],
```

```
                    self.config["yolo"]["classes"],(self.image_size[1], self.image_size[0])))
        print('{} model, anchors, and classes loaded.'.format(self.path))
        #不同类别设置不同颜色的画框
        hsv_tuples = [(x / len(self.class_names), 1., 1.)for x in range(len(self.class_names))]
        self.colors = list(map(lambda x: colorsys.hsv_to_rgb(*x), hsv_tuples))
        self.colors = list(
            map(lambda x: (int(x[0] * 255), int(x[1] * 255), int(x[2] * 255)),self.colors))


    #检测图片
    def detect_image(self, image):
        image_shape = np.array(np.shape(image)[0:2])
        crop_img = np.array(letterbox_image(image, (self.image_size[0], self.image_size[1])))
        photo = np.array(crop_img, dtype=np.float32)
        photo /= 255.0
        photo = np.transpose(photo, (2, 0, 1))
        photo = photo.astype(np.float32)
        images = []
        images.append(photo)
        images = np.asarray(images)
        images = torch.from_numpy(images)
        if self.cuda:
            images = images.cuda()
        with torch.no_grad():
            outputs = self.net(images)
            output_list = []
            for i in range(3):
                output_list.append(self.yolo_decodes[i](outputs[i]))
            output = torch.cat(output_list, 1)
            batch_detections = non_max_suppression(output, self.config["yolo"]["classes"],
                                                    conf_thres=self.confidence,
                                                    nms_thres=self.iou)
        try:
            batch_detections = batch_detections[0].cpu().numpy()
        except:
            return image
        top_index = batch_detections[:, 4] * batch_detections[:, 5] > self.confidence
        top_conf = batch_detections[top_index, 4] * batch_detections[top_index, 5]
```

```
        top_label = np.array(batch_detections[top_index, -1], np.int32)
        top_bboxes = np.array(batch_detections[top_index, :4])
        top_xmin, top_ymin, top_xmax, top_ymax = np.expand_dims(
            top_bboxes[:, 0], -1), np.expand_dims(top_bboxes[:, 1], -1), np.expand_dims(
                top_bboxes[:, 2], -1), np.expand_dims(top_bboxes[:, 3], -1)
        # 去掉灰条
        boxes = yolo_correct_boxes(top_ymin, top_xmin, top_ymax, top_xmax,
                            np.array([self.image_size[0], self.image_size[1]]), image_shape)
        # 设置字体
        font = ImageFont.truetype(font='. /simhei.ttf',
                            size=np.floor(3e-2 * np.shape(image)[1] + 0.5).astype('int32'))
        thickness = (np.shape(image)[0] + np.shape(image)[1]) // self.image_size[0]
        for i, c in enumerate(top_label):
            predicted_class = self.class_names[c]
            score = top_conf[i]
            top, left, bottom, right = boxes[i]
            top = top - 5
            left = left - 5
            bottom = bottom + 5
            right = right + 5
            top = max(0, np.floor(top + 0.5).astype('int32'))
            left = max(0, np.floor(left + 0.5).astype('int32'))
            bottom = min(np.shape(image)[0], np.floor(bottom + 0.5).astype('int32'))
            right = min(np.shape(image)[1], np.floor(right + 0.5).astype('int32'))
            # 画框
            label = '{} {:.2f}'.format(predicted_class, score)
            draw = ImageDraw.Draw(image)
            label_size = draw.textsize(label, font)
            label = label.encode('utf-8')
            print(label)
            if top - label_size[1] >= 0:
                text_origin = np.array([left, top - label_size[1]])
            else:
                text_origin = np.array([left, top + 1])
            for i in range(thickness):
                draw.rectangle(
                    [left + i, top + i, right - i, bottom - i],
```

```
            outline=self.colors[self.class_names.index(predicted_class)])
        draw.rectangle(
            [tuple(text_origin), tuple(text_origin + label_size)],
            fill=self.colors[self.class_names.index(predicted_class)])
        draw.text(text_origin, str(label, 'UTF-8'), fill=(0, 0, 0), font=font)
        del draw
    return image

# 初始化检测类
yolo = YOLO(model_path="./YOLO v3.pth", classes=classes, config=Config)
img = input('Input image filename:')
image = Image.open(img)
# 开始检测
r_image = yolo.detect_image(image)
r_image.show()
```

图 10-4 展示了 YOLO v3 模型对 VOC2007 图像的检测效果。

图 10-4　YOLO v3 图像的检测效果

第 11 章

FCN 图像分割算法原理及实战

本章主要内容：
- FCN 图像分割算法原理。
- 基于 FCN 的图像分割实战。

11.1　FCN 图像分割算法原理

FCN（Fully Convolutional Network，全卷积网络）是经典的基于深度学习的语义分割模型。语义分割需要像素级的标注。

如图 11-1 所示，如果一个图像有 5 个类别，则每个类别可使用一个通道表示该类别对应的物体的像素级标注。如人的类别将占一个通道，钱包占一个通道，植物占一个通道，地面占一个通道，建筑占一个通道。由于是一个类别占一个通道，若要找人这个物体类别，则通过人这个通道就能找到人对应的像素级标注（即该通道中值为 1 的那些像素）。

有了像素级的标注，每个像素点上的预测值和真实值之间就可以计算误差了。如某个像素点的预测值是 0.8，但真实值是 0，两者之间可以计算损失。可使用 L1 距离，即真实值和预测值之差的绝对值，也可使用交叉熵损失；还可以使用 Dice Loss，在预测矩阵和真实矩阵之间进行矩阵级的损失计算。

下面介绍全卷积神经网络（FCN）的神经网络结构。首先，FCN 能够接受任意尺寸的图像输入，而不像传统的分类网络那样要求输入图像从一开始就 Resize 到固定尺寸。例如，一个 800×800 像素的图像，如果不做任何的 Resize，连续进行 5 次卷积操作，和一个 400×400 像素的输入图像进行 5 次相同的卷积操作，得到的特征图尺寸肯定不同，但这对图像语义分割的任务并没有影响，因为语义分割网络总是输出一个尺寸与输入图像等大的特征图，然后在预测矩阵和像素级标注的矩阵之间进行（像素级或矩阵级的）损失计算。

FCN 全卷积神经网络可分为两个阶段。第一阶段是系列的卷积操作和池化操作的阶段（注：池化操作可以通过卷积操作替代，如 2×2 池化操作可以用步幅为 2 的卷积操作替代），特征图的尺寸在此阶段将单调递减。当图像的特征图缩小到一定大小后，就进入第二阶段。FCN 的第二阶段主要对特征图进行多次反卷积 / 上采样操作，使得特征图尺寸逐渐变大，直到特征图尺寸与输入图像尺寸相同。第二阶段结束后，最终的特征图上的每一个元素与输入图像中的每一个像素点，在空间上是一一对应的。此时特征图上的每一个元素的值（经 Sigmoid 激活后的值，即预测值），可与原图上对应位置的像素点的标注值（即真实值），利用交叉熵损失函数 /Dice Loss 等进行损失计算，迭代训练分割网络。

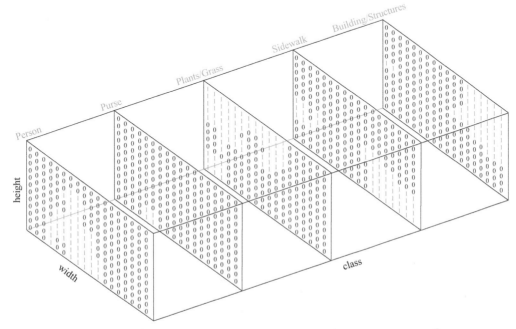

图 11-1　像素级标注图像的掩码表示（图像中的每类物体均有一个掩码矩阵表示）

　　FCN 的第一阶段，对图像进行 5 次卷积和池化后，得到的特征图尺寸为原图的 1/32。FCN 的第二阶段，需要对特征进行上采样，如果对上述 1/32 大小的特征图只进行一次 32 倍的上采样，可将特征图恢复到原始图像大小，即进行 32 倍的上采样，简称为 FCN-32s，但作者发现其分割效果并不理想，于是提出改进的方法，即 FCN-8s，下面具体介绍。

　　如图 11-2 所示，FCN 在第一阶段进行 5 次卷积和池化（Pooling），得到的特征图大小是原图的 1/32。FCN 在第二阶段，即上采样阶段，先进行一个 2 倍上采样，得到的特征图尺寸变为原图的 1/16。而第一阶段的第 4 次池化操作得到的特征图大小也是原图大小的 1/16，FCN 将上面两个原图 1/16 大小的特征图相加融合，融合之后的特征尺寸仍是原图尺寸的 1/16。然后对该融合后的特征图进行一次 2 倍上采样，得到的特征图大小是原图的 1/8，而 FCN 第一阶段的第 3 次池化操作的特征图大小也是原图尺寸的 1/8，FCN 将这两个原图 1/8 大小的特征图再次相加融合，融合后的特征图大小仍为原图的 1/8。最后，FCN 再对该特征图进行一次 8 倍上采样，得到的特征图大小与原图尺寸相同。简称 FCN-8s。

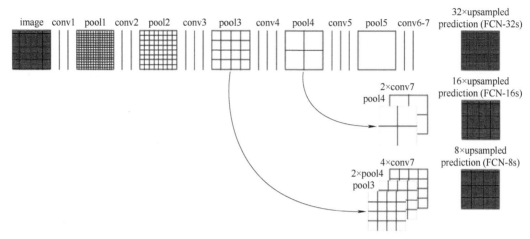

图 11-2　FCN 全卷积网络（FCN-8s）的神经网络结构

11.2　FCN 图像分割实战

11.1 节介绍了 FCN（全卷积神经网络）的原理，本节将介绍 FCN 模型的算法实现。在编写程序之前，首先导入所需要的工具包：

```
import os
import torch
from torch import nn, optim
from torch.utils.data import Dataset, DataLoader
from torchvision import transforms, models
import numpy as np
from PIL import Image
import matplotlib.pyplot as plt
import wandb
```

11.2.1　数据准备

常用的图像分割数据集之一是 Pascal VOC2007。VOC2007 数据集有 20 个不同的类别，再加上一个背景类，共计 21 个类别。该数据集标注好的图像中，21 个类别都有其对应的颜色。图像分割后，不同的物体类别对应不同颜色。

使用 MyDataset 类对数据集中的原始图像和对应的标签图像进行图像变换和封装。该类在初始化时，通过 path 参数传递数据集的根目录；train 决定是否获取训练集，默认值是

True；image_shape 保证图像大小的一致，size 的默认值是 (256, 256)；num_classes 代表数据
中的类别，对于 VOC 数据集，该值为 21。代码如下：

```
transform = transforms.Compose([
    transforms.ToTensor(),
    transforms.Normalize(mean=[0.485, 0.456, 0.406], std=[0.229, 0.224, 0.225])
])
class MyDataset(Dataset):
    def __init__(self, path, num_classes=21, image_shape=(256, 256), train=True):
        super().__init__()
        self.path = path            # 标签所在文件夹路径
        self.num_classes = num_classes
        self.image_shape = image_shape
        self.data_list, self.label_list = self.read_images(path=path, train=train)
        print('Read ' + str(len(self.data_list)) + ' images')

    def read_images(self, path='', train=True):
        txt_fname = path + '/ImageSets/Segmentation/' + ('trainval.txt' if train else 'val.txt')
        with open(txt_fname, 'r') as f:
            images = f.read().split()
        data = [os.path.join(path, 'JPEGImages', i + '.jpg') for i in images]
        label = [os.path.join(path, 'SegmentationClass', i + '.png') for i in images]
        return data, label

    def __getitem__(self, index):
        image_path = self.data_list[index]
        segment_path = self.label_list[index]
        image = resizeImage(image_path, size=self.image_shape)
        segment = resizeMask(segment_path, size=self.image_shape)
        segment = np.array(segment)
        segment[segment > self.num_classes] = 0   # 边框处理
        return transform(image), torch.Tensor(segment)

    def __len__(self):
        return len(self.data_list)
```

11.2.2　FCN 的神经网络结构 / 模型定义

FCN 包含 5 个下采样过程，使得经过 FCN 的特征尺寸依次变为原图的 1/2、1/4、1/8、

1/16 和 1/32 大小。然后，通过上采样将特征逐步恢复成原图尺寸。在以下的 FCN_8x 代码中，使用 VGG16 作为特征提取网络，并且使用了预训练模型参数。VGG16 网络是直接使用 torchvision.models 包中的模型实现，只需要将 pretrained 设置为 True 即可。上采样使用 nn.ConvTranspose2d() 反卷积操作，其卷积核初始化为双线性插值卷积核。

```python
''' 定义 fcn 网络以及上采样的双线性插值初始化 '''
def bilinear_kernel(in_channels, out_channels, kernel_size):
    factor = (kernel_size + 1) // 2
    if kernel_size % 2 == 1:
        center = factor - 1
    else:
        center = factor - 0.5
    og = np.ogrid[:kernel_size, :kernel_size]
    bilinear_filter = (1 - abs(og[0] - center) / factor) * (1 - abs(og[1] - center) / factor)
    weight = np.zeros((in_channels, out_channels, kernel_size, kernel_size), dtype=np.float32)
    weight[range(in_channels), range(out_channels), :, :] = bilinear_filter
    return torch.from_numpy(weight)


pretrained_net = models.vgg16_bn(pretrained=True)


class FCN_8x(nn.Module):
    def __init__(self, num_classes):
        super().__init__()
        self.stage1 = pretrained_net.features[:7]
        self.stage2 = pretrained_net.features[7:14]
        self.stage3 = pretrained_net.features[14:24]
        self.stage4 = pretrained_net.features[24:34]
        self.stage5 = pretrained_net.features[34:]

        self.conv_trans1 = nn.Conv2d(512, 256, 1)
        self.conv_trans2 = nn.Conv2d(256, num_classes, 1)

        # 将 1/32 特征图进行 2 倍上采样
        self.upsample_2x_1 = nn.ConvTranspose2d(512, 512, 4, 2, 1, bias=False)
        self.upsample_2x_1.weight.data = bilinear_kernel(512, 512, 4)

        # 将 1/16 特征图进行 2 倍上采样
```

```
self.upsample_2x_2 = nn.ConvTranspose2d(256, 256, 4, 2, 1, bias=False)
self.upsample_2x_2.weight.data = bilinear_kernel(256, 256, 4)

# 将 1/8 特征图进行 8 倍上采样
self.upsample_8x = nn.ConvTranspose2d(num_classes, num_classes, 16, 8, 4, bias=False)
self.upsample_8x.weight.data = bilinear_kernel(num_classes, num_classes, 16)

def forward(self, x):
    s1 = self.stage1(x)
    s2 = self.stage2(s1)
    s3 = self.stage3(s2)
    s4 = self.stage4(s3)
    s5 = self.stage5(s4)

    s5 = self.upsample_2x_1(s5)
    add1 = s5 + s4

    add1 = self.conv_trans1(add1)
    add1 = self.upsample_2x_2(add1)
    add2 = add1 + s3

    output = self.conv_trans2(add2)
    output = self.upsample_8x(output)
    return output
```

下面编写了图像分割的常用评价指标之一：PA（Pixel Accuracy，像素精度）的计算，可以通过 PA 值反映模型的图像分割效果。PA 值越高，说明模型的分割效果越好。

```
''' 评估指标 PA'''
class Evaluator(object):
    def __init__(self, num_class):
        self.num_class = num_class
        self.confusion_matrix = np.zeros((self.num_class,)*2)

    def Pixel_Accuracy(self):
        Acc = np.diag(self.confusion_matrix).sum() / self.confusion_matrix.sum()
        return Acc
```

```
def _generate_matrix(self, gt_image, pre_image):
    mask = (gt_image >= 0) & (gt_image < self.num_class)
    label = self.num_class * gt_image[mask].astype('int') + pre_image[mask]
    count = np.bincount(label, minlength=self.num_class**2)
    confusion_matrix = count.reshape(self.num_class, self.num_class)
    return confusion_matrix

def add_batch(self, gt_image, pre_image):
    assert gt_image.shape == pre_image.shape
    self.confusion_matrix += self._generate_matrix(gt_image, pre_image)

def reset(self):
    self.confusion_matrix = np.zeros((self.num_class,) * 2)
```

11.2.3 整体训练流程

模型通过自定义 train() 方法和 train_one_epoch() 方法进行训练。train 方法进行多个 Epoch 的整体训练，train_one_epoch 方法进行单个 Epoch 的训练，在 main 函数中调用 train 方法启动训练。在模型的训练过程中，使用 PyTorch 中的 nn.CrossEntropy() 损失函数计算损失，使用 torch. optim.Adam() 优化器对网络参数进行优化。此外，通过调用 wandb 工具，将训练过程中的损失变化以及图像分割测试结果进行可视化，对整体的训练、测试过程进行跟踪观察。

此外，还定义了 validation 方法和 test_one_image 方法。validation 方法的作用是：使用验证集对训练的网络进行效果验证。test_one_image 方法的作用是：使用一张图像测试网络训练的分割效果。

1. 定义训练方法

```
def train_one_epoch(model, data_loader,  ce_loss, optimizer,evaluator, scheduler, device, epoch, epochs):
    model.train()
    losses = []
    for i, (image, segment) in enumerate(data_loader):
        image, segment = image.to(device, dtype=torch.float32), segment.to(device, dtype=torch.long)
        #前向计算
        out = model(image)
        #计算 loss
        loss = ce_loss(out, segment)
```

```python
            losses.append(loss.item())
            # 反向传播，更新梯度
            optimizer.zero_grad(set_to_none=True)
            loss.backward()
            optimizer.step()
            # 在训练过程中验证
            evaluator.reset()
            pred = out.data.cpu().numpy()
            pred = np.argmax(pred, axis=1)
            gt = segment.cpu().numpy()
            evaluator.add_batch(gt, pred)
            acc_batch = evaluator.Pixel_Accuracy()

            if i % 50 == 0 and i > 0:
                print(f'epoch:{epoch}/{epochs}, iter:{i}th, train loss:{loss.item()}, Acc:{acc_batch}')


    mean_loss = sum(losses) / len(losses)
    print(f"loss at epoch {epoch} is {mean_loss}")
    scheduler.step(mean_loss)
    return sum(losses)


def validation(model, data_loader, ce_loss, evaluator, device, epoch):
    model.eval()
    evaluator.reset()
    losses = []
    for i, (image, segment) in enumerate(data_loader):
        image, segment = image.to(device, dtype=torch.float32), segment.to(device, dtype=torch.long)
        output = model(image)
        loss = ce_loss(output, segment)
        losses.append(loss.item())
        pred = output.data.cpu().numpy()
        gt = segment.cpu().numpy()
        pred = np.argmax(pred, axis=1)
        evaluator.add_batch(gt, pred)


    """ 每个验证的 epoch 结束之后，测试一张图像，查看分割效果 """
    image, seg, pred_seg = test_one_image(model, device)
```

```python
        Acc = evaluator.Pixel_Accuracy()
        print(f"Pixel Accuracy: {Acc}")
        return sum(losses), image, seg, pred_seg


def test_one_image(model,device,test_image_path=None,test_seg_path=None):
    model.eval()
    # 如果没有传入测试图像地址，则使用默认的地址
    if test_image_path is None:
        test_image_path = "./data/VOCdevkit/VOC2007/JPEGImages/003889.jpg"
        test_seg_path = "./data/VOCdevkit/VOC2007/SegmentationClass/003889.png"
    image = resizeImage(test_image_path, size=(128, 128))
    data = transform(image).unsqueeze(dim=0).to(device)
    pred = model(data)[0]
    if test_seg_path is not None:
        seg = resizeMask(test_seg_path, (128, 128))
    else:
        seg = image
    pred_seg = pred.cpu().detach().numpy().argmax(0)
    pred_seg = tensorToPImage(pred_seg, colormap)
    # 是否直接展示效果
    show = True
    if show:
        plt.figure()
        plt.subplot(1, 3, 1)
        plt.imshow(image)
        plt.subplot(1, 3, 2)
        plt.imshow(seg)
        plt.subplot(1, 3, 3)
        plt.imshow(pred_seg)
        plt.show()


    return image,seg,pred_seg


def train(model, train_loader, val_loader, device, num_epochs=200, l_r=1e-5):
    config = dict(epochs=num_epochs, learning_rate=l_r, )
    experiment = wandb.init(project='FCN_8x', config=config, resume='allow', anonymous='must')
    # 优化器
```

```
optimizer = optim.Adam(model.parameters(), lr=l_r)
scheduler = torch.optim.lr_scheduler.ReduceLROnPlateau(
    optimizer, factor=0.1, patience=5, verbose=True
)
ce_loss = nn.CrossEntropyLoss()    #交叉熵损失函数
evaluator = Evaluator(num_class)
for epoch in range(num_epochs):
    train_loss = train_one_epoch(model, train_loader, ce_loss, optimizer, evaluator, scheduler, device,
epoch, num_epochs)
    """ 每隔 10 个 epoch 进行验证一次 """
    if epoch % 10 = = 0 and epoch > 0:
        val_loss,image,seg,pred_seg = validation(model, val_loader, ce_loss, evaluator, device, epoch)
        #训练结束后保存参数
        torch.save(model.state_dict(), f"FCN.pth")
        #使用 wandb 保存可视化信息
        experiment.log({
            'epoch': epoch,
            'train loss': train_loss / len(train_loader),
            'val loss': val_loss / len(val_loader),
            'learning rate': optimizer.param_groups[0]['lr'],
            #可视化一张图像分割结果
            'val_image1': wandb.Image(image), #原始图像
            'val_image2': wandb.Image(seg), #标签图像
            'val_image3': wandb.Image(pred_seg) #预测结果图像
        })
```

2. 训练过程

将 FCN 网络、训练数据集、验证数据集以及其他超参数准备好后，传入训练方法 train() 中，开始进行训练。代码如下：

```
if __name__ = = "__main__":
    data_path = './data/VOCdevkit/VOC2007'
    num_class = 21    #类别数量 l l 个背景
    device = torch.device('cuda' if torch.cuda.is_available() else 'cpu')
    train_dataset = MyDataset(data_path, num_class, (128, 128), train=True)
    train_loader = DataLoader(train_dataset, batch_size=4, shuffle=True)
    val_dataset = MyDataset(data_path, num_class, (128, 128), train=False)
    val_loader = DataLoader(val_dataset, batch_size=4, shuffle=False)
```

```
model = FCN_8x(num_class).to(device)
train(model,train_loader,val_loader,device,num_epochs=400,l_r=1e-5)
```

3. 测试一幅图像

对于训练好的 FCN 网络，可以加载它的参数，使用 test_one_image 方法随机传入一幅图像，即可得到并查看它的分割效果。代码如下：

```
if __name__ == "__main__":
    num_class = 21
    device = torch.device('cuda' if torch.cuda.is_available() else 'cpu')
    model = FCN_8x(num_class).to(device)
    """ 加载训练好的模型参数 """
    model.load_state_dict(torch.load('./FCN.pth'))
    # 待测试图像的地址
    test_image_path = './data/VOCdevkit/VOC2007/JPEGImages/000999.jpg'
    test_one_image(model, device, test_image_path)
```

11.2.4 效果展示

图 11-3 展示的是 FCN 在经过 400 个 Epoch 的训练后使用测试图像得到的测试效果，此处展示上下两组图像。每组图像有三幅图像，从左到右依次为测试图像原图、测试图像对应的标注图像以及相应的 RGB 格式的分割效果图。

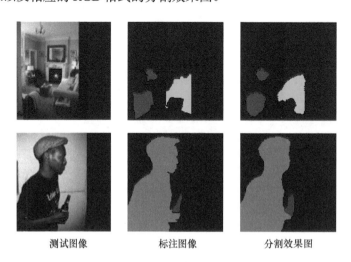

测试图像　　　　　　　标注图像　　　　　　　分割效果图

图 11-3　FCN 分割效果展示

如图 11-4 所示，在 wandb 中，可以直观地看出损失随 Epoch 次数的变化情况。

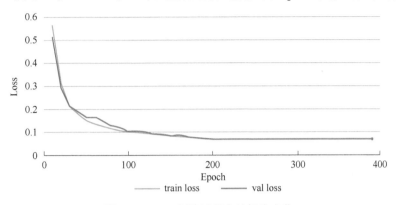

图 11-4　FCN 训练过程中的损失变化

第 12 章

U-Net 图像分割算法原理及实战

本章主要内容：

- U-Net 图像分割算法原理。
- 基于 U-Net 的图像分割实战。

12.1　U-Net 图像分割算法原理

U-Net 语义分割网络的神经网络结构如图 12-1 所示，分为两个阶段，第一阶段为下采样阶段，第二阶段为上采样阶段。两个阶段对称，呈 U 形结构。而第二阶段上采样的过程中，还融合了第一阶段的同等尺寸的特征。下面结合 U-Net 的伪代码，讲解其原理：

```
#U-Net 左半部分网络定义，每步只进行一次卷积
self.conv1=Conv2d(3,64,3,padding='same')
self.maxpool=MaxPool2d(2)

self.conv2=Conv2d(64,128,3,padding='same')
self.maxpool2=MaxPool2d(2)

self.conv3=Conv2d(128,256,3,padding='same')
self.maxpool3=MaxPool2d(2)

self.conv4=Conv2d(256,512,3,padding='same')
self.maxpool4=MaxPool2d(2)

self.conv5=Conv2d(512,1024,3,padding='same')

#U-Net 右半部分网络的定义，上采样后进行特征的叠放合并
self.deconv_1=nn.ConvTranspose2d(1024,512,3,stride=2,padding='same')
```

```
self.x1=torch.cat([deconv_1, conv4], dim=1)
self.up_conv1=Conv2d(1024,512,3,padding='same')

self.deconv_2=nn.ConvTranspose2d(512,256,3,stride=2,padding='same')
self.x2=torch.cat([deconv_2, conv3], dim=1)
self.up_conv2=Conv2d(512,256,3,padding='same')

self.deconv_3=nn.ConvTranspose2d(256,128,3,stride=2,padding='same')
self.x3=torch.cat([deconv_3, conv2], dim=1)
self.up_conv3=Conv2d(256,128,3,padding='same')

self.deconv_4=nn.ConvTranspose2d(128,64,3,stride=2,padding='same')
self.x4=torch.cat([deconv_4, conv1], dim=1)
self.up_conv4=Conv2d(128,64,3,padding='same')
#最后一次 3×3 卷积或 1×1 卷积，输出通道数设置为 CLS，CLS 为待分割的物体种类
self.up_conv5=Conv2d(64,CLS,3)
```

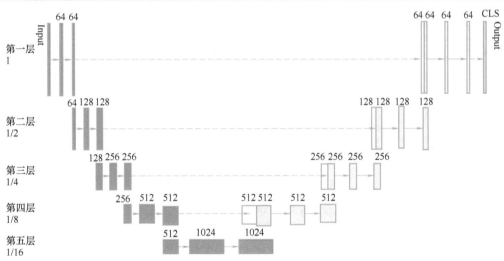

图 12-1　U-Net 语义分割网络的神经网络结构

如伪代码所示，U-Net 的第一阶段是下采样阶段 / 收缩阶段，特征图尺寸不断变小，对应 U-Net 的左分支。该程序中的每一步只进行一次卷积操作，Conv2d 表示对于输入图像（特征）进行一次 3×3 卷积，激活函数是 ReLU，Padding 的属性是 same，表示带补零的卷积操作，卷积后的特征图尺寸保持不变，卷积核数量使用 64、128、256、512、1024 等值。总体来说，第一阶段，即特征图收缩阶段，进行了 5 次（5 步）卷积操作和 4 次池化操作。对应地，这 5 步得到特征图的尺寸分别为原图尺寸的 1 倍、1/2、1/4、1/8 和 1/16，通道数分别为 64、128、256、512、1024。

如伪代码所示，U-Net 的第二阶段是上采样阶段 / 扩张阶段，该阶段的第一步先对收缩阶段 / 第一阶段（第 5 步）得到的尺寸为原图的 1/16 的特征图 conv5 进行 2 倍上采样，得到的特征图记为 deconv_1，其尺寸由原图的 1/16 变为原图的 1/8，然后将该特征与第一阶段的第 4 步对应的 1/8 特征图 conv4 进行通道叠放融合，叠放前的通道数均为 512，叠放后通道数变为 1024。随后，再进行一次卷积操作，得到的特征图记为 up_conv1。然后，进行第二次上采样操作及卷积操作，得到 up_conv2，依次类推。第二阶段得到的特征图恢复为原图大小后（up_conv4），最后再进行一次 3×3 卷积或 1×1 卷积，卷积核数量设置为 CLS，CLS 为待分割的物体种类，以便输出期望数量（CLS）的通道，进行后续的损失计算。

12.2　基于 U-Net 的图像分割实战

通过 12.1 节的讲解，读者已对 U-Net 的原理有了整体的理解和掌握。本节将准备图像分割所需的数据集，并基于 U-Net 进行图像分割。

本例中的 U-Net 训练使用 Pascal VOC2007 数据集。VOC2007 数据集包含训练图像和测试图像，有 20 个不同的类别，再加上背景（背景作为单独的类别），共计 21 个类。实现 U-Net 时所需导入的包、数据准备、预处理操作、评估指标均与 FCN 一致，在此不再赘述。

12.2.1　U-Net 的模型定义 / 神经网络结构

如前文所述，U-Net 分为卷积部分 / 下采样阶段和上采样阶段，实现 U-Net 时，先对各部分进行定义，然后再将其组合为 U-Net 模型。

1）DoubleConv 类用于定义基础的卷积操作块，该类包括两次卷积，每个卷积操作后还进行批归一化和 ReLU 激活处理，并使用 Padding 边缘填充保持卷积后的特征大小一致。

2）DownSample 类主要是下采样块，块中使用 nn.MaxPool2d() 进行下采样，再使用 DoubleConv 类进行两次卷积操作，使用 DownSample 进行下采样时，特征尺寸缩半，通道数增加一倍。

3）UpSample 类是上采样阶段所需的卷积块，先使用 nn.ConvTranspose2d 反卷积函数（转置卷积函数）进行上采样，再使用 DoubleConv 类进行两次卷积。

U-Net 类函数中，先使用 DoubleConv 类进行两次卷积，再使用 4 次 DownSample 类进行下采样操作，对应 U-Net 神经网络模型的第一阶段 / 下采样阶段。然后，使用 4 次 UpSample 类进行上采样，对应 U-Net 神经网络模型的第二阶段 / 上采样阶段。代码如下：

```python
class DoubleConv(nn.Module):
    """ 定义卷积层部分，包含双层卷积 """
    # 初始化
    def __init__(self, in_channels, out_channels):
        super().__init__()
        self.double_conv = nn.Sequential(
            nn.Conv2d(in_channels, out_channels, kernel_size=3, padding=1, bias=False),
            nn.BatchNorm2d(out_channels),
            nn.ReLU(inplace=True),
            nn.Conv2d(out_channels, out_channels, kernel_size=3, padding=1, bias=False),
            nn.BatchNorm2d(out_channels),
            nn.ReLU(inplace=True)
        )

    def forward(self, x):
        return self.double_conv(x)


class DownSample(nn.Module):
    """ 先用最大池化下采样，然后跟双层卷积 """
    def __init__(self, in_channels, out_channels):
        super().__init__()
        self.maxpool_conv = nn.Sequential(
            nn.MaxPool2d(2),
            DoubleConv(in_channels, out_channels)
        )

    def forward(self, x):
        return self.maxpool_conv(x)


class UpSample(nn.Module):
    """ 上采样，然后跟双层卷积 """
    def __init__(self, in_channels, out_channels):
        super().__init__()
        self.up = nn.ConvTranspose2d(in_channels, in_channels // 2, kernel_size=2, stride=2)
        self.conv = DoubleConv(in_channels, out_channels)

    def forward(self, x1, x2):
```

```
        # 上采样
        x1 = self.up(x1)
        # 进行通道拼接
        x = torch.cat([x1, x2], dim=1)
        return self.conv(x)


class U-Net(nn.Module):
    """ 定义 U-Net 网络 """
    # 初始化
    def __init__(self, in_channels, n_classes):
        super(U-Net, self).__init__()
        self.inc = DoubleConv(in_channels, 64)
        # 下采样过程
        self.down1 = DownSample(64, 128)
        self.down2 = DownSample(128, 256)
        self.down3 = DownSample(256, 512)
        self.down4 = DownSample(512, 1024)
        # 上采样过程
        self.up1 = UpSample(1024, 512)
        self.up2 = UpSample(512, 256)
        self.up3 = UpSample(256, 128)
        self.up4 = UpSample(128, 64)
        # 输出层，输出结果
        self.outc = nn.Conv2d(64, n_classes, kernel_size=1)

    def forward(self, x):
        x1 = self.inc(x)
        x2 = self.down1(x1)
        x3 = self.down2(x2)
        x4 = self.down3(x3)
        x5 = self.down4(x4)
        x = self.up1(x5, x4)
        x = self.up2(x, x3)
        x = self.up3(x, x2)
        x = self.up4(x, x1)
        logits = self.outc(x)
        return logits
```

U-Net 类的 forward() 函数中，将上采样得到的特征与下采样阶段的同等尺寸的特征进

行堆叠 / 叠放融合。最后，进行一次 1×1 卷积操作，卷积核数量为类别数量（n_classes），输出的特征为 logits 向量（该向量的维度是类别数量 /n_classes）。

12.2.2　U-Net 的损失函数 /Dice 损失

Dice 系数是一种集合相似度的度量函数，取值范围是 [0,1]，而 1 减去 Dice 系数就是 Dice 损失。Dice Loss 是一个图像分割中最经典的、最常用的损失函数。

本章使用 Dice 损失与交叉熵损失的组合进行损失计算。PyTorch 库中已经实现了交叉熵损失，而 Dice 损失，本节将实现两个 Dice 损失函数，分别是：BinaryDiceLoss 类和 MultiClassDiceLoss 类。BinaryDiceLoss 类用于计算一个通道上的损失。MultiClassDiceLoss 类用于计算多种类别 / 多个通道上的 Dice 损失，通过每个通道调用 BinaryDiceLoss 实现。

Dice Loss 使用 Sigmoid 激活函数对每个神经元的预测值进行激活，然后使用式（12-1）计算损失。其中，X 和 Y 分别对应于预测矩阵和 GT（Ground Truth，真实）矩阵，两者之间重合度越大，损失越小。

$$L_{\text{Dice}} = 1 - \frac{2|X \cap Y|}{|X| + |Y|} \tag{12-1}$$

实现 Dice Loss 时，分子部分将预测矩阵与 GT 矩阵进行点乘，再逐元素相加求和，得到 $|X \cap Y|$ 的值；分母部分对两个矩阵的每个矩阵逐元素相加求和，最后得到 $|X| + |Y|$ 的值。代码如下：

```
class BinaryDiceLoss(nn.Module):
    def __init__(self):
        super(BinaryDiceLoss, self).__init__()

    def forward(self, input, targets):
        #获取每个批次的大小 N
        N = targets.size()[0]
        #平滑变量
        smooth = 1
        #将宽高 reshape 到同一纬度
        input_flat = input.view(N, -1)
        targets_flat = targets.view(N, -1)
        #计算交集
        intersection = input_flat * targets_flat
        N_dice_eff = (2 * intersection.sum(1) + smooth) / (input_flat.sum(1) + targets_flat.sum(1) + smooth)
        #计算一个批次中平均每张图的损失
```

```
            loss = 1 - N_dice_eff.sum() / N
            return loss


class MultiClassDiceLoss(nn.Module):
    def __init__(self):
        super(MultiClassDiceLoss, self).__init__()


    def forward(self, input, target):
        """
        inut 的 shape 为 [B,C,H,W],target 的 shape 为 [B,H,W]
        然后将 target 进行 one-hot 处理，转换为 [B,C,H,W],
        """
        nclass = input.shape[1]
        target = F.one_hot(target.long(), num_classes=nclass).permute(0, 3, 1, 2).contiguous()
        assert input.shape == target.shape, "predict & target shape do not match"
        binaryDiceLoss = BinaryDiceLoss()
        total_loss = 0
        logits = F.softmax(input, dim=1)
        C = target.shape[1]
        # 遍历 channel，得到每个类别的二分类 DiceLoss
        for i in range(C):
            dice_loss = binaryDiceLoss(logits[:, i], target[:, i])
            total_loss += dice_loss
        # 每个通道的平均 dice_loss
        return total_loss / C
```

12.2.3 整体训练流程

U-Net 模型通过自定义 train() 方法和 train_one_epoch() 方法进行训练。在 main 函数中调用 train() 方法启动训练，train() 方法进行多个 Epoch 的整体训练，train_one_epoch() 方法进行单个 Epoch 的训练。在模型的训练过程中，使用 PyTorch 中的 nn.CrossEntropy() 损失函数和上述 Dice 损失函数联合计算损失，使用 torch. optim.Adam() 优化器对网络参数进行优化。

1. 定义训练方法

```
def train_one_epoch(model, data_loader,    optimizer, ce_loss, dice_loss,evaluator, scheduler, device, epoch,
epochs):
    model.train()
```

```
        losses = []
        for i, (image, segment) in enumerate(data_loader):
            image, segment = image.to(device, dtype=torch.float32), segment.to(device, dtype=torch.long)
            # 前向计算
            out = model(image)
            # 计算 loss
            loss = ce_loss(out, segment)
            loss += dice_loss(out, segment)
            losses.append(loss.item())
            # 反向传播，更新梯度
            optimizer.zero_grad(set_to_none=True)
            loss.backward()
            optimizer.step()

            # 在训练过程中验证
            evaluator.reset()
            pred = out.data.cpu().numpy()
            pred = np.argmax(pred, axis=1)
            gt = segment.cpu().numpy()
            evaluator.add_batch(gt, pred)
            acc_batch = evaluator.Pixel_Accuracy()

            if i % 50 == 0 and i > 0:
                print(f'epoch:{epoch}/{epochs}, iter:{i}th, train loss:{loss.item()}, Acc:{acc_batch}')

        mean_loss = sum(losses) / len(losses)
        print(f"loss at epoch {epoch} is {mean_loss}")
        scheduler.step(mean_loss)

        return sum(losses)

def validation(model, data_loader, ce_loss, dice_loss,evaluator, device, epoch):
    model.eval()
    evaluator.reset()
    losses = []
    for i, (image, segment) in enumerate(data_loader):
        image, segment = image.to(device, dtype=torch.float32), segment.to(device, dtype=torch.long)
```

```
        output = model(image)
        loss = ce_loss(output, segment)
        loss += dice_loss(output, segment)
        losses.append(loss.item())
        pred = output.data.cpu().numpy()
        gt = segment.cpu().numpy()
        pred = np.argmax(pred, axis=1)
        evaluator.add_batch(gt, pred)

    """ 每个验证的 epoch 结束之后，测试一张图像，查看分割效果 """
    image, seg, pred_seg = test_one_image(model, device)
    Acc = evaluator.Pixel_Accuracy()
    print(f"Pixel Accuracy: {Acc}")
    return sum(losses), image, seg, pred_seg


def test_one_image(model,device,test_image_path=None,test_seg_path=None):
    model.eval()
    # 如果没有传入测试图像地址，则使用默认的地址
    if test_image_path is None:
        test_image_path = "./data/VOCdevkit/VOC2007/JPEGImages/003889.jpg"
        test_seg_path = "./data/VOCdevkit/VOC2007/SegmentationClass/003889.png"

    image = resizeImage(test_image_path, size=(128, 128))
    data = transform(image).unsqueeze(dim=0).to(device)
    pred = model(data)[0]

    if test_seg_path is not None:
        seg = resizeMask(test_seg_path, (128, 128))
    else:
        seg = image

    pred_seg = pred.cpu().detach().numpy().argmax(0)
    pred_seg = tensorToPImage(pred_seg, colormap)

    # 是否直接展示效果
    show = True
    if show:
```

```
        plt.figure()
        plt.subplot(1, 3, 1)
        plt.imshow(image)
        plt.subplot(1, 3, 2)
        plt.imshow(seg)
        plt.subplot(1, 3, 3)
        plt.imshow(pred_seg)
        plt.show()

    return image,seg,pred_seg

def train(model, train_loader, val_loader, device, num_epochs=200, l_r=1e-5):
    config = dict(epochs=num_epochs, learning_rate=l_r, )
    experiment = wandb.init(project='U-Net', config=config, resume='allow', anonymous='must')

    # 优化器
    optimizer = optim.Adam(model.parameters(), lr=l_r)
    scheduler = torch.optim.lr_scheduler.ReduceLROnPlateau(
        optimizer, factor=0.1, patience=5, verbose=True   # 5 个 Epoch 检查一次 loss，触发后打印出 lr
    )
    ce_loss = nn.CrossEntropyLoss()          # 交叉熵损失函数
    dice_loss = MultiClassDiceLoss()         # Dice 损失函数
    evaluator = Evaluator(num_class)

    for epoch in range(num_epochs):
        train_loss = train_one_epoch(model, train_loader, optimizer, ce_loss, dice_loss, evaluator,
scheduler, device, epoch, num_epochs)
        """ 每隔 10 个 epoch 进行验证一次 """
        if epoch % 10 == 0 and epoch > 0:
            val_loss,image,seg,pred_seg = validation(model, val_loader, ce_loss, dice_loss, evaluator,
device, epoch)
            # 训练结束后保存参数
            torch.save(model.state_dict(), f"U-Net.pth")
            # 使用 wandb 保存可视化信息
            experiment.log({
                'epoch': epoch,
                'train loss': train_loss / len(train_loader),
```

```
                    'val loss': val_loss / len(val_loader),
                    'learning rate': optimizer.param_groups[0]['lr'],
                    #可视化一张图像分割结果
                    'val_image1': wandb.Image(image), #原始图像
                    'val_image2': wandb.Image(seg), #标签图像
                    'val_image3': wandb.Image(pred_seg) #预测结果图像
            })
```

2. 训练过程

将 U-Net 神经网络结构、训练数据集、测试数据集准备好后，传入训练方法 train() 中，开始训练。代码如下：

```
if __name__ == "__main__":

    data_path = './data/VOCdevkit/VOC2007'
    num_class = 21    #类别数量 +1 个背景
    device = torch.device('cuda' if torch.cuda.is_available() else 'cpu')

    train_dataset = MyDataset(data_path, num_class, (128, 128), train=True)
    train_loader = DataLoader(train_dataset, batch_size=4, shuffle=True)
    val_dataset = MyDataset(data_path, num_class, (128, 128), train=False)
    val_loader = DataLoader(val_dataset, batch_size=4, shuffle=False)

    """ 模型的输入为 3 通道，输出为 21 通道 """
    model = U-Net(3, num_class).to(device)
    train(model,train_loader,val_loader,device,num_epochs=400,l_r=1e-5)
```

3. 测试一幅图像

对于训练好的 U-Net 分割模型，可以加载它的参数，使用 test_one_image() 方法传入一幅图像的地址，便可得到分割效果并进行查看。代码如下：

```
if __name__ == "__main__":
    num_class = 21
    device = torch.device('cuda' if torch.cuda.is_available() else 'cpu')
    model = U-Net(3, num_class).to(device)
    """ 加载训练好的模型参数 """
    model.load_state_dict(torch.load('./U-Net.pth'))
    #待测试图像的地址
    test_image_path = './data/VOCdevkit/VOC2007/JPEGImages/002669.jpg'
    test_one_image(model, device, test_image_path)
```

12.2.4　效果展示

如图 12-2 所示，运行上述训练程序 400 个 Epoch，通过查看 wandb 的可视化数据，可以得到训练过程中的训练效果。

测试图像　　　　　　　标注图像　　　　　　　分割效果图

图 12-2　U-Net 分割效果展示

也可以查看训练过程中关键参数的变化，例如训练损失的变化、验证集损失的变化，如图 12-3 所示。

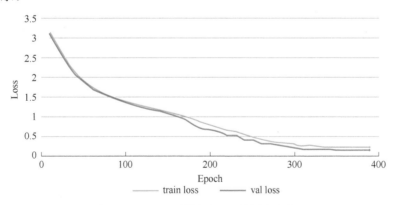

图 12-3　U Net 训练过程中的损失变化

第 13 章

DCGAN 生成对抗网络原理及其图像生成实战

本章主要内容：
- DCGAN 生成对抗网络原理。
- 基于 DCGAN 的图像生成技术实战。

13.1　DCGAN 生成对抗网络原理

GAN (Generative Adversarial Networks，生成对抗网络) 是机器学习领域近 20 年来最有开创性的技术之一。但原始 GAN 主要用于关系型数据的生成，为实现基于 GAN 的图像生成，研究者提出了 DCGAN 生成对抗网络。DCGAN 的英文全称是 Deep Convolutional Generative Adversarial Networks。DCGAN 的基本思想和核心算法与原始 GAN 一样，主要改进是将原始 GAN 适应到卷积神经网络架构上，以更好地处理和生成图像数据。下面从生成器、判别器和整体流程三个方面介绍 DCGAN。

13.1.1　DCGAN 生成器模型

DCGAN 生成器模型的神经网络结构如图 13-1 所示，其输入仍是随机生成的一个 100 维的随机数组成的向量，这与原始 GAN 完全一样。然后可能会经过一个全连接层（或一个上采样卷积层），该全连接层的神经元数量可能很大，把一个 100 维的随机数组成的向量变成了一个维度更高的向量，之后该全连接层会接上一个卷积层，所以其实在 DCGAN 生成器中仍然是有全连接层（或上采样卷积层）的，只是全连接层是在随机生成的 100 维的随机数组成的向量之后，即第 1 个隐层用的可能是一个全连接层。之后对该全连接层的神经元进行 reshape 操作，变成了卷积常用的形状，以进行后续的一系列卷积操作。

图 13-1 是一个示例，在该示例中，一个 100 维的随机数组成的向量经过一个全连接

层（或上采样卷积）之后，假设该全连接层的神经元数量是 16384，该全连接层的输出进行一个 reshape（重塑）操作变成了 4×4×1024 的形状。然后进行 2 倍上采样，上采样的方法可以是反卷积，也就是转置卷积，它的本质就是把一个 4×4 的尺寸变成 8×8，用到的卷积核的数量是 512，所以通道数从 1024 变成了 512。然后接上一个 2 倍的上采样，尺寸从 8×8 变成 16×16，用到的卷积核的数量是 256，所以最后变成 16×16×256。之后再进行 2 倍的上采样，尺寸变成 32×32，卷积核的数量是 128，所以形状变成了 32×32×128。最后再进行 2 倍的上采样，尺寸从 32×32 变成了 64×64，这时卷积核数量是 3，所以最终的输出形状为 64×64×3。在这个例子里面假定输入图像的尺寸是 64×64×3，所以输出的时候也希望输出一个 64×64×3 的形状。当然在具体计算的过程中输入图像有可能不是 64×64，也有可能是别的尺寸，此时可以从后往前推，倒着计算神经网络每一层的形状。在具体实现时，从 100 维随机向量到 4×4×1024，既可以通过反卷积实现，也可以通过全连接完成。

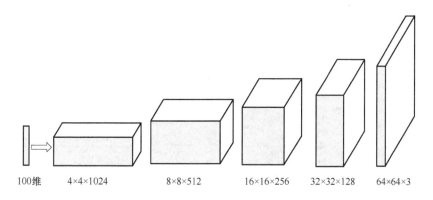

100维　　　4×4×1024　　　8×8×512　　　16×16×256　　　32×32×128　　　64×64×3

图 13-1　DCGAN 生成器模型的神经网络结构

在图 13-1 的例子中，神经元数量为 4×4×1024，也就是 16384 个神经元，将 100 维的随机向量，进行一个全连接操作之后，得到了一个 16384 维的向量，之后对该向量进行一个 reshape 的操作，把它变成 4×4×1024（或直接由上采样卷积得到），4×4 表示的是尺寸，1024 表示的是通道的数量。这里提到的上采样方法可以有很多种选择，在 DCGAN 中用的是 Transposed Convolutions 或者叫 Deconvolution，即转置卷积或反卷积，当然也可以用其它上采样方法。

整体流程如下：在 DCGAN 的生成器中，输入是一个 100 维的随机数组成的向量，然后经过一次神经元数量非常庞大的全连接（或上采样卷积操作），再进行 4 次反卷积操作，也就是 4 次上采样操作，即总共 1 次全连接加 4 次反卷积，所以它里面仍然是可能存在全连接操作的。介绍完 DCGAN 生成器的神经网络后，下面介绍 DCGAN 的判别器神经网络。

13.1.2 DCGAN 的判别器模型

DCGAN 判别器模型的神经网络结构如图 13-2 所示。DCGAN 的判别器本质就是一个非常普通的分类卷积神经网络，其目标是判别输入图像是真实的还是生成的。真实样本和生成样本的尺寸都是 64×64×3，然后经过多次卷积之后，输出预测输入样本为真的概率值。

判别器先进行一个步幅是 2、带 padding 的 3×3 卷积，卷积核数量是 128。当步幅是 2 时，就相当于把它的尺寸缩半了，等价于池化操作，最后得到的中间特征尺寸是 32×32×128，其中 32×32 是它的尺寸，128 是通道数。然后再进行一次步幅是 2、带 padding 的 3×3 卷积，卷积核数量是 256，最后得到了一个 16×16×256 的中间特征尺寸。然后再进行一次步幅是 2 的 3×3 卷积，但卷积核的数量是 512，最后得到的尺寸是 8×8×512。之后再进行一次步幅是 2 的 3×3 卷积，但是卷积核的数量是 1024，最终得到的特征尺寸是 4×4×1024。

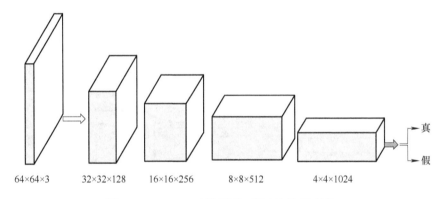

图 13-2　DCGAN 判别器模型的神经网络结构

在 DCGAN 的判别器中，特征的尺寸在一路下降，每次都是以 2 倍的速度在变小，但卷积核的数量一路上升，也就是通道数量一直在上升，从 3 到 128 到 256 到 512 到 1024。最终得到的特征形状为 4×4×1024。其实后面是需要对它进行一个拉平操作或 4×4 的卷积操作。判别器是要判定真或假，输出层只有一个神经元，所以在拉平之后就跟上了一个全连接层，该全连接层的前一层是卷积最后一层，得到的结果在拉平之后是一个 16384 维的向量，后一层是只有一个神经元的输出层，然后两者之间进行全连接操作。此处，也可以通过一个卷积核尺寸为 4×4 的卷积操作得到一个神经元（值），输出判别结果。

总而言之，因为判别器的目的是为了判定一幅图像是生成的还是真实的，也就是 0 和 1，所以判别器的输出层只有一个神经元。整体而言，判别器经过了 4 次卷积操作和 1 次全连接操作，最后的全连接操作就是为了把第 4 次卷积得到的一个维度比较高的向量与只有 1 个神经元的输出层之间进行全连接（也可通过卷积核尺寸为 4×4 的卷积实现），因为判别器只需要判定是真或假，这就是 DCGAN 判别器神经网络结构。

13.1.3　DCGAN 的损失函数

在 DCGAN 及原始 GAN 中，判别器的损失计算使用普通的二元分类损失即可，如可使用 BCE (Binary Cross Entropy) 损失函数；而生成器的损失计算，则需要调用判别器来完成，下面对此进行深入说明。

1）对判别器而言，判别器网络的任务就是对输入样本进行二分类，判定真假。对生成的样本，判别器期望将其判定为假，即神经网络在输出层上的预测值越接近 0 越好，此时可使用 BCE(P, 0) 计算生成样本上的损失；对真实存在的样本，判别器期望对其的预测值接近 1，此时可使用 BCE(P, 1) 计算真实样本上的损失。P 是判别器输出的预测值。

2）对生成器而言，生成器网络本身不进行分类，而是以一个 100 维（noise_d 维）的随机生成的向量为输入，使用若干层的全连接变换或反卷积（转置卷积）变换，得到一个指定形状的输出矩阵（该输出跟真实样本数据的形状一样）。但生成器网络也需要进行误差回传，由于对生成器而言，它期望生成的样本被判别器判定为真，表明生成器的样本生成很成功，这等价于将生成器生成出来的每一个样本输入到判别器进行判别的时候，将该生成样本的标签置为 1，再使用 BCE(P, 1) 计算损失。P 是生成器生成的样本送入判别器判别之后得到的预测概率，1 是该样本的期望概率，P 越接近 1 越好。此处正是 GAN 的独到思想体现之一。

13.1.4　DCGAN 的训练过程

下面介绍 DCGAN 的训练过程，它的训练过程其实与原始 GAN 是完全相同的，分析下面代码可以发现，这些训练过程与原始 GAN 完全相同，没有任何区别。只是这里的 Generator 神经网络和 Discriminator 神经网络不再是原来的人工神经网络，而是换成了前面介绍的两种卷积神经网络结构，图 13-3 是它的一个简单的训练过程的示意图。

```
1：#Sample noise as generator input
2：Z = Variable(Tensor(np.random.normal(0, 1, 100)))
3：# Generate a batch of images
4：gen_imgs = generator(z)
5：# Generator Loss
6：g_loss = BCE(discriminator(gen_imgs), 1)
7：g_loss.backward()
8：optimizer_G.step()
9：# Discriminator Loss
```

```
10: real_loss = BCE(discriminator(real_imgs), 1)
11: fake_loss = BCE(discriminator(gen_imgs.detach()), 0)
12: d_loss = (real_loss + fake_loss) / 2
13: d_loss.backward()
14: optimizer_D.step()
```

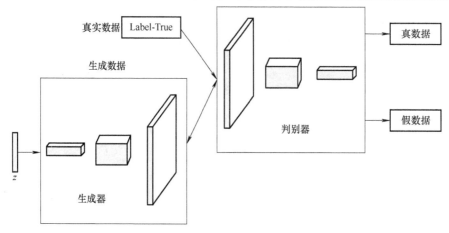

图 13-3　DCGAN 中生成器与判别器的交替训练过程

　　首先用 random 的方法随机生成了一个 100 维的向量，将这个 100 维的向量送入 DCGAN 的生成器卷积神经网络中，然后生成器神经网络输出一个尺寸为 64×64×3 的样本，注意，生成样本的尺寸和真实样本的尺寸是一样的。之后再把真实样本和生成样本都送入判别器中，期望判别器能够准确判定出输入的样本到底是生成的还是真实的。训练生成器的时候会需要调用判别器去判定生成器生成出来的样本的质量，当然生成器期望其生成的样本能够被判别器误判为真，所以它的目标是 1，这是生成器的损失计算方法。判别器就是一个传统的二分类神经网络，判别器要准确地判定输入样本到底是生成的还是真实的，在计算损失的时候分别计算真实样本上的损失和生成样本上的损失，然后再把两个损失相加除以 2，最后进行误差回传。这就是 DCGAN 的训练过程，与原始 GAN 完全相同。

13.2　基于 DCGAN 的图像生成技术实战

　　DCGAN（Deep Convolution Generation Adversarial Networks）主要是在网络架构上改进了原始 GAN。通过 13.1 节的原理讲解，读者已对 DCGAN 的原理有了整体的理解和掌握。本节将实现 DCGAN 模型，并基于该模型生成手写数字图像。本例使用 MNIST 手写数字数据集进行训练，其示例图像如图 13-4 所示。

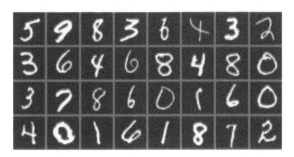

图 13-4　MNIST 手写数字数据集示例图像

首先导入所需要的工具包：

```
# 导入所需要的包
import torch
import wandb
import torchvision
import torch.nn as nn
import torchvision.utils as utils
```

13.2.1　定义判别器

判别器 (Discriminator) 的作用是判定一幅图像是真实的还是算法生成的，本质上就是一个普通的二元分类卷积神经网络。二分类卷积神经网络的常见神经网络结构是：输入一幅图像，经过骨干网络后，后面接上若干个全连接层或卷积层，最后是输出层，且输出层只有一个神经元。本例中，在训练 DCGAN 的判别器时，将 MNIST 数据集中的真实图像的类别（标签）定义为 1，将算法 / 生成器生成的图像的类别定义为 0。判别器需要在真假图像之间进行二分类，即输入一幅图像，判别器需要预测该图像是真实存在的还是生成器生成的。

DCGAN 的判别器使用带有步长的卷积层 nn.Conv2d() 代替原始 GAN 中的全连接层，并且在中间各卷积层后使用了批归一化操作 nn.BatchNorm2d() 以及 nn.LeakyReLU 激活函数。

DCGAN 判别器的代码实现如下，共包含 5 个卷积层，其中前 4 层中的卷积参数均设置为卷积核尺寸等于 3×3，滑动步长（步幅）为 2，Padding 为 1；最后一层的卷积核尺寸为 4×4，步长为 1，Padding 为 0，输出通道数为 1，生成 1×1×1 大小的预测值（1 个结果），该预测值再经过 Sigmoid 激活函数得到最终输出结果。

```
# 定义 DCGAN 的判别器
class DCGAN_D(nn.Module):
    def __init__(self):
        super(DCGAN_D, self).__init__()
```

```python
# layer1 输入一幅图像，尺寸为 1×64×64，输出尺寸为 64×32×32
self.layer1 = nn.Sequential(
    nn.Conv2d(1, 64, kernel_size=3, stride=2, padding=1, bias=False),
    nn.LeakyReLU(0.2, inplace=True)
)
# 该输出尺寸为 128×16×16
self.layer2 = nn.Sequential(
    nn.Conv2d(64, 128, kernel_size=3, stride=2, padding=1, bias=False),
    nn.BatchNorm2d(128),
    nn.LeakyReLU(0.2, inplace=True)
)
# 该输出尺寸为 256×8×8
self.layer3 = nn.Sequential(
    nn.Conv2d(128, 256, kernel_size=3, stride=2, padding=1, bias=False),
    nn.BatchNorm2d(256),
    nn.LeakyReLU(0.2, inplace=True)
)
# 该输出尺寸为 512×4×4
self.layer4 = nn.Sequential(
    nn.Conv2d(256, 512, kernel_size=3, stride=2, padding=1, bias=False),
    nn.BatchNorm2d(512),
    nn.LeakyReLU(0.2, inplace=True)
)
# layer5 输出分类结果，尺寸为 1×1×1
self.layerout = nn.Sequential(
    nn.Conv2d(512, 1, kernel_size=4, stride=1, padding=0, bias=False),
    nn.Sigmoid()
)


# 前向传播
def forward(self, x):
    x = self.layer1(x)
    x = self.layer2(x)
    x = self.layer3(x)
    x = self.layer4(x)
    out = self.layerout(x)
    return out
```

13.2.2　定义生成器

生成对抗网络的生成器都是通过噪声数据（随机向量数据）来获得图像输出的。在 DCGAN 的生成器（Generator）中，使用转置卷积层 nn.ConvTranspose2d() 代替原 GAN 中的全连接层，进行上采样。除输出层之外，激活函数统一使用 ReLU 激活函数，输出层使用 Tanh 激活函数，也使用了批归一化操作 nn.BatchNorm2d()。

DCGAN 生成器的代码实现如下：

```
#定义 DCGAN 的生成器
class DCGAN_G(nn.Module):
    #初始化网络，noise_d: 输入生成器的噪声的通道数
    def __init__(self, noise_d):
        super(DCGAN_G, self).__init__()
        self.noise_d = noise_d
        #layer1 输入的是一个随机噪声，大小为 noise_d×1×1，输出尺寸为 1024×4×4
        self.layer1 = nn.Sequential(
            nn.ConvTranspose2d(noise_d, 1024, kernel_size=4, stride=1, padding=0, bias=False),
            nn.BatchNorm2d(1024),
            nn.ReLU(inplace=True)
        )
        #该输出尺寸为 512×8×8
        self.layer2 = nn.Sequential(
            nn.ConvTranspose2d(1024, 512, kernel_size=4, stride=2, padding=1, bias=False),
            nn.BatchNorm2d(512),
            nn.ReLU(inplace=True)
        )
        #该输出尺寸为 256×16×16
        self.layer3 = nn.Sequential(
            nn.ConvTranspose2d(512, 256, kernel_size=4, stride=2, padding=1, bias=False),
            nn.BatchNorm2d(256),
            nn.ReLU(inplace=True)
        )
        #该输出尺寸为 128×32×32
        self.layer4 = nn.Sequential(
            nn.ConvTranspose2d(256, 128, kernel_size=4, stride=2, padding=1, bias=False),
            nn.BatchNorm2d(128),
            nn.ReLU(inplace=True)
```

```
    )
        # 该输出尺寸为 1×64×64
    self.layerout = nn.Sequential(
        nn.ConvTranspose2d(128, 1, kernel_size=4, stride=2, padding=1, bias=False),
        nn.Tanh()
    )


    # 前向传播
    def forward(self, x):
        # 将噪声变为要求的尺寸
        x = x.view(-1, self.noise_d, 1, 1)
        # 输入网络
        x = self.layer1(x)
        x = self.layer2(x)
        x = self.layer3(x)
        x = self.layer4(x)
        out = self.layerout(x)
        return out
```

初始化时，通过 noise_d 参数定义生成图像的噪声的维度。第一个转置卷积层（反卷积层，用于上采样）的输入是该随机向量，所以该转置卷积层的输入通道数为 noise_d。以 noise_d=100 为例，则输入的噪声数据形状为 1×1×100，使用转置卷积对其进行上采样，所使用的卷积核尺寸为 4×4、数量为 1024、步长为 1，Padding 为 0。经过该转置卷积，输出特征形状为 4×4×1024。其余 4 个转置卷积层的卷积核尺寸均为 4×4，步长均为 2，Padding 均为 1。其中，最后一个转置卷积的输出为一个 64×64×1 的矩阵，代表生成数据（图像）。需要说明的是，本例中，从输入的噪声数据到第一个卷积层之间的实现与 13.1.1 小节的讲解稍有不同，该步骤既可以通过全连接实现，也可以像本例中通过调用转置卷积函数实现。

13.2.3 定义损失函数

在 DCGAN 及原始 GAN 中，判别器的损失使用普通的二元分类损失即可，可调用 torch.nn 包中的 BCE (Binary Cross Entropy) 损失函数；而生成器的损失计算，则需要通过调用判别器来完成，此时，生成器的损失计算使用的公式为 BCE(P, 1)，P 为判别器对生成样本的预测概率，对生成器而言，P 越接近 1 越好，13.1.3 节已对此进行了深入的解释说明。

1. 定义判别器损失

在训练判别器时，期望判别器对真实图像的判断越接近 1 越好，对生成图像的判断越接近 0 越好（即真实图像判断为真，假图像判断为假），通过图像的判别结果与图像标签之间的差异计算判别器损失。此时生成样本的 fake_label 置为 0。代码如下：

```
#定义判别器损失；real_out: 真实图像判别结果，fake_out: 假图像判别结果
def discriminator_loss(real_out, fake_out, device):
    #使用内置的 BCE 损失函数
    criterion = nn.BCELoss()
    #真实图像的标签: 1
    real_label = torch.ones(size=(real_out.size(0),)).to(device)
    #计算判别真实图像的损失
    d_loss_real = criterion(real_out, real_label)
    #假图像的标签: 0
    fake_label = torch.zeros(size=(fake_out.size(0),)).to(device)
    #计算判别假图像的损失
    d_loss_fake = criterion(fake_out, fake_label)
    #返回两项损失之和
    d_loss = d_loss_real + d_loss_fake
    return d_loss
```

2. 定义生成器损失

在训练生成器时，期望生成的图像，在经过判别器时判断结果越接近 1 越好（即假图像判断为真，说明生成器的生成效果好），此时生成样本的 fake_label 置为 1。相关原理已在前文解释。代码如下：

```
#定义生成器损失
def generator_loss(fake_out, device):
    #使用内置的 BCE 损失函数
    criterion = nn.BCELoss()
    #假图像的期望标签: 1
    fake_label = torch.ones(size=(fake_out.size(0),)).to(device)
    #计算判别生成图像的损失
    g_loss = criterion(fake_out, fake_label)
    return g_loss
```

13.2.4　整体训练流程

DCGAN 模型通过自定义的 train() 方法进行训练。在模型的训练过程中，使用前文定义的损失函数分别计算生成器的损失和判别器的损失，生成器和判别器均使用 torch.optim. Adam() 优化器对模型参数进行优化，Adam 优化器的两个 β 值分别设为 0.5 和 0.999。生成

器和判别器交替进行训练。

通过调用 wandb 工具，可以将训练中生成器与判别器各步的损失、学习率等关键数据的变化以及部分生成器生成的假图像进行可视化。在下列代码中，我们选择在每个批次中使用 wandb 展示 40 张以内的生成图像。

1. 定义训练方法

```
# 定义训练方法
def train(net_G, net_D, train_loader, device, epochs=5, l_r=0.0002):
    # 使用 wandb 跟踪训练过程
    config = dict(epochs=epochs, learning_rate=l_r,)
    experiment = wandb.init(project="DCGAN", config=config, resume="allow", anonymous="must")
    # 设置优化器，生成器和判别器均使用 Adam 优化器
    optimizer_G = torch.optim.Adam(net_G.parameters(), lr=l_r, betas=(0.5, 0.999))
    optimizer_D = torch.optim.Adam(net_D.parameters(), lr=l_r, betas=(0.5, 0.999))
    # 训练过程
    for epoch in range(1, epochs + 1):
        for step, (imgs, _) in enumerate(train_loader):
            imgs = imgs.to(device)
            # 随机生成噪声数据
            noise = torch.randn(imgs.size(0), net_G.noise_d)
            noise = noise.to(device)
            # 固定生成器 G，训练判别器 D
            # 令判别器 D 尽可能地把真实图像判别为 1，把假图像判别为 0
            output_real = net_D(imgs)
            output_real = torch.squeeze(output_real)
            # 生成假图像
            fake = net_G(noise)
            # 因为生成器 G 不用更新，使用 detach() 避免梯度传到 G
            output_fake = net_D(fake.detach())
            output_fake = torch.squeeze(output_fake)
            d_loss = discriminator_loss(output_real, output_fake, device)
            optimizer_D.zero_grad()
            d_loss.backward()
            optimizer_D.step()
            # 固定判别器 D，训练生成器 G，令判别器 D 尽可能地把 G 生成的假图像判别为 1
            # 生成假图像
```

```python
        fake = net_G(noise)
        #将假图放入判别器
        output_fake = net_D(fake)
        output_fake = torch.squeeze(output_fake)
        g_loss = generator_loss(output_fake, device)
        optimizer_G.zero_grad()
        g_loss.backward()
        optimizer_G.step()
        experiment.log({
            'epoch': epoch,
            'step': step,
            'train generator_loss': g_loss.item(),
            'train discriminator_loss': d_loss.item(),
            'learning rate_g': optimizer_G.param_groups[0]['lr'],
            'learning rate_d': optimizer_D.param_groups[0]['lr'],
            #将同一批次的生成图像进行可视化，设置展示的图像数量小于等于40
            'fake_images':   wandb.Image(utils.make_grid(
                fake[0:(fake.size(0) if fake.size(0)<40 else 40), ...]).float().cpu())
        })
        #每隔50步或一个Epoch结束时输出
        if step % 50 == 0 or step == len(train_loader)-1:
            print('[%d/%d][%d/%d] Loss_D: %.3f Loss_G %.3f'
                    % (epoch, epochs, step, len(train_loader)-1, d_loss.item(), g_loss.item()))
    #一个Epoch训练结束，保存模型
    torch.save(net_G.state_dict(), './DCGAN_G.pth')
    torch.save(net_D.state_dict(), './DCGAN_D.pth')
```

2. 开始具体训练过程

将上述 DCGAN 模型、训练方法定义好之后，就可以开始对模型的训练了。将生成器网络、判别器网络、训练数据集以及其他超参数准备好后，传入训练方法 train() 中，运行程序就开始训练了。代码如下：

```python
if __name__ == "__main__":
    #定义使用的设备
    device = torch.device("cuda" if torch.cuda.is_available() else "cpu")
    #预处理与读取训练数据
    transforms = torchvision.transforms.Compose([
        torchvision.transforms.Resize(64),
```

```
        torchvision.transforms.ToTensor(),
        torchvision.transforms.Normalize([0.5], [0.5]),
    ])
train_set = torchvision.datasets.MNIST(
    root="./data/mnist",
    train=True,
    transform=transforms,
    download=True,
)
train_loader = torch.utils.data.DataLoader(
    train_set,
    batch_size=64,
    shuffle=True,
    drop_last=True,
)
netG = DCGAN_G(100).to(device)
netD = DCGAN_D().to(device)
train(netG, netD, train_loader, device, epochs=10, l_r=0.0002)
```

在以上代码中，将数据集放置在 "./data/mnist" 目录下，图像使用 resize 方法放大到 64×64，批大小设置为 64。生成器 DCGAN_G 初始化时设置噪声的通道数（向量维度）为 100。

13.2.5　效果展示

如图 13-5 所示，开始上述训练过程 10 个 Epoch 之后，通过查看 wandb 的可视化数据，可以得到训练过程中的生成效果：

图 13-5　从左到右依次为训练 1 个 Epoch、10 个 Epoch 的生成效果以及 MNIST 真实图像

如图 13-6 所示，通过 wandb 工具，也可以查看训练过程中超参数值的变化，图 13-6 展示了生成器损失和判别器损失随 Epoch 数量的变化情况。

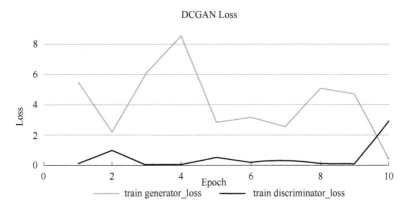

图 13-6　训练过程中生成器损失和判别器损失随 Epoch 数量的变化情况

附　　录

PyTorch 开发环境配置

本书使用 PyTorch 深度学习开发框架。涉及的开发语言和工具主要有 Python、PyCharm、Anaconda 平台和 PyTorch。我们借助 Anaconda 便捷化配置 Python 语言库，同时下载 PyTorch 深度学习库，配置 PyTorch 环境。然后，将 Anaconda 中配置好的环境加载（配置）到 PyCharm 软件中，最后在 PyCharm 中使用 PyTorch 开发框架进行深度学习研发。

1) Anaconda 是一个科学计算环境。在计算机上安装好 Anaconda 后，就相当于安装好了 Python，另外还有一些常用的库，如 numpy、scrip、matplotlib 等。Anaconda 可以在官网（https://www.anaconda.com/products/distribution#Downloads）下载，如图 A-1 所示，下载相应的版本，然后根据界面提示安装在指定目录（例如 D:/Anaconda3/）。

图 A-1　Anaconda 下载界面

Anaconda 下载好之后，打开它的命令行工具终端（例如，在 Windows 系统里为 Anaconda Prompt），使用 conda list 命令就可以展示所有已下载的工具库。如图 A-2 所示，图中展示了在 Anaconda 默认的 base 环境下已下载的所有工具库包。Anaconda 通过 conda 命令行工具来管理各种工具库，如安装 PyTorch 库或其他的库包。

2) 在 Anaconda 的 base 环境下安装 PyTorch 库。注：读者也可以通过在命令行中输入 conda create-n py python=3.8 来创建一个新的工作环境 Py，然后在 py 环境下安装 PyTorch 平台。PyTorch 的安装需要到 PyTorch 官网（https://pytorch.org/），根据机器配置选择相应的

PyTorch 版本获取 PyTorch 安装命令，然后将获取到的 PyTorch 安装命令复制到图 A-2 所示的命令行工具中运行即可。图 A-3 获取的是 Windows 系统下安装 CPU 版本的 PyTorch 所需的安装命令。对 GPU 工作站，还需要事先安装显卡驱动、CUDA/cuDNN。

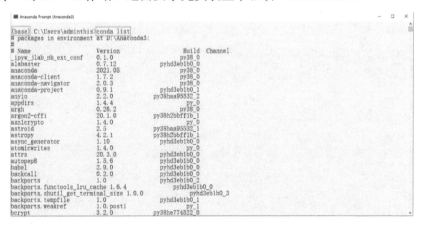

图 A-2　conda list 命令

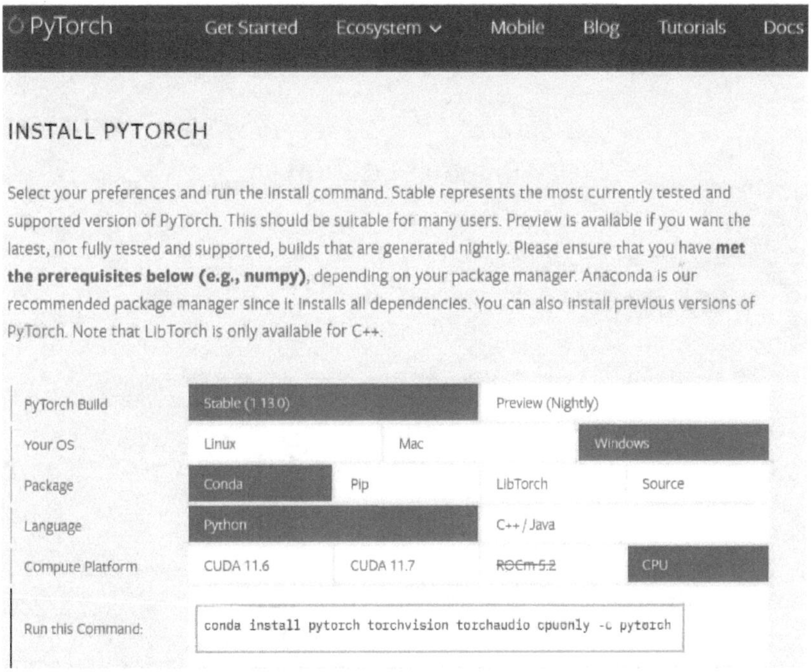

INSTALL PYTORCH

图 A-3　PyTorch 安装命令

将图 A-3 中所获取的 PyTorch 安装命令复制到 Anaconda 命令行工具中，就可以进行 PyTorch 的下载和安装了，如图 A-4 所示。

```
■ Anaconda Prompt (Anaconda3)                                    —  □  ×
(base) C:\Users\adminthis>conda install pytorch torchvision torchaudio cpuonly -c pytorch
```

图 A-4　使用 conda 命令安装 PyTorch

安装成功后，可以通过命令行工具进入 Python 环境检验。首先输入 Python 命令进入 Python 编程环境，然后使用 import torch 语句导入 PyTorch 库，如果下载成功就可以成功导入，否则就是安装失败，之后我们使用 torch.__version__ 查看安装的 PyTorch 版本，如图 A-5 所示。

```
■ Anaconda Prompt (Anaconda3) - conda  uninstall pytorch - python
(base) C:\Users\adminthis>python
Python 3.8.8 (default, Apr 13 2021, 15:08:03) [MSC v.1916 64 bit (AMD64)] :: Anaconda, Inc. on win32
Type "help", "copyright", "credits" or "license" for more information.
>>> import torch
>>> torch.__version__
'1.13.0'
>>>
```

图 A-5　检验 PyTorch 安装

3）安装 PyCharm 开发平台。PyCharm 分为专业版和社区版。进入 PyCharm 官网（https://www.jetbrains.com/pycharm/download/）下载所需的 PyCharm 版本并安装。如图 A-6 所示。

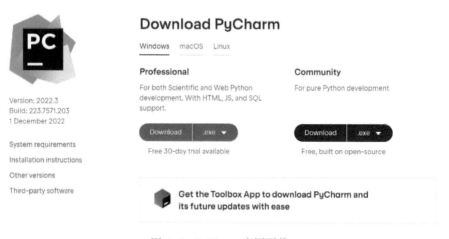

图 A-6　PyCharm 官网下载

4）在 PyCharm 中配置 PyTorch 环境的路径。PyCharm 安装好之后，打开并单击"new project"就可以新建 Python 或 PyTorch 项目了。在新建项目时，需要将之前在 Anaconda 中配置好的 conda 环境"base"导入进来。

首先，在新建项目的界面，如图 A-7 所示，单击"previously configured interpreter"（原

先配置好的解释器），然后单击"Create"按钮或单击"Add Interpreter"选项找出 base 环境并添加进来后再单击"Create"按钮。

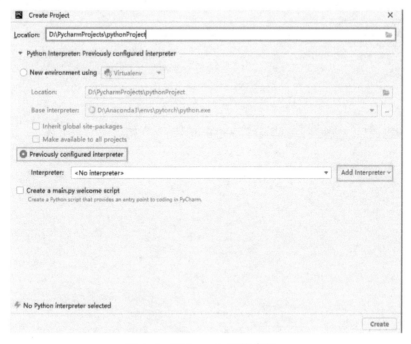

图 A-7　配置 conda 环境步骤一

接着，进入解释器添加界面，如图 A-8 所示，单击"Conda Environment"进入 conda 环境的导入界面，然后单击"Interpreter"选项按钮寻找 Anaconda 安装目录下的 python 解释器，最后单击"OK"按钮将其添加进来。示例中，我们将 Anaconda 安装在了目录 D:/Anaconda3/ 下，所以图 A-8 中解释器的路径为 D:/Anaconda3/python.exe。

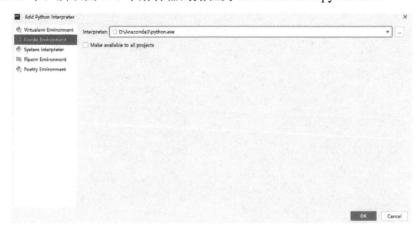

图 A-8　配置 conda 环境步骤二

最终导入成功的效果如图 A-9 所示。

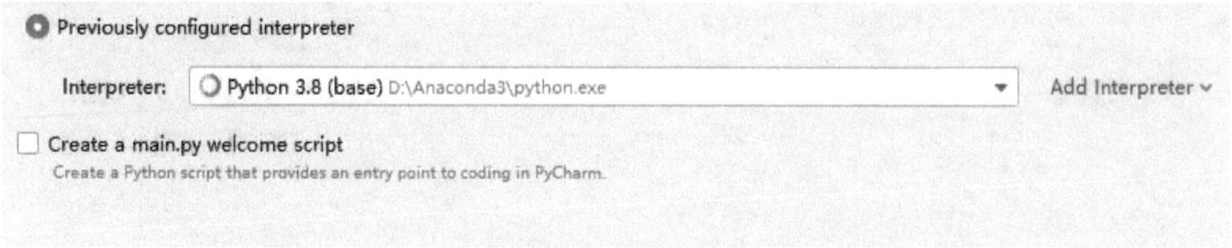

图 A-9　在 PyCharm 中配置好环境

以上步骤完成后，就可以新建项目，使用 PyTorch 开始深度学习编程了。

附录 B

常用 PyTorch 函数速查手册

	图像处理
PIL.Image.open()	读入图像
image.save()	保存图像
image.show()	展示图像
torchvision.transforms.Compose()	将多个 transforms 图像变换操作组合起来使用
torchvision.transforms.Resize()	调整图片至给定的大小
torchvision.transforms.CenterCrop()	将给定的 PIL.Image 进行中心切割，得到给定的大小
torchvision.transforms.RandonCrop()	裁剪中心点的位置随机选择
torchvision.transforms.RandomSizedCrop()	先将给定的 PIL.Image 随机裁剪，然后再变换成给定的大小
torchvision.transforms.RandomHorizontalFlip()	随机水平翻转给定的 PIL.Image，概率为 0.5
torchvision.transforms.ColorJitter()	修改给定的 PIL.Image 的亮度、对比度和饱和度
torchvision.transforms.Grayscale()	将给定的 PIL.Image 转换为灰度图
torchvision.transforms.GaussianBlur()	对图片进行高斯模糊
torchvision.transforms.RandomSolarize()	通过反转阈值以上的所有像素值，以给定的概率随机曝光图像
torchvision.transforms.ToTensor()	将给定的 PIL.Image 转变为 torch.FloatTensor 的数据形式
torchvision.transforms.Normalize()	用给定的均值和标准差分别对每个通道的数据进行正则化
	数据集加载
torchvision.datasets.MNIST()	加载 MNIST 手写数字数据集，含有 0 ～ 9 共 10 类的数据
torchvision.datasets.FashionMNIST()	加载 FashionMNIST 数据集，含有衣服、鞋子、包等 10 类数据
torchvision.datasets.CIFAR10()	加载 CIFAR10 数据集，含有 10 个类
torchvision.datasets.CIFAR100()	加载 CIFAR100 数据集，含有 100 个类

（续）

数据集加载	
torchvision.datasets.STL10()	包含 10 个类别的分类数据，以及大量未标记数据
torchvision.datasets.ImageFolder()	通用的数据加载器，将按照一定格式组织的数据集加载进来，以方便训练
torch.utils.data.DataLoader()	包装所使用的数据，把数据变成若干小批（Batch）进行训练
torch.utils.data.random_split()	随机将数据集拆分成给定长度的非重叠数据集
优化器定义	
torch.optim.SGD()	SGD 优化器
torch.optim.Adam()	Adam 优化器
torch.optim.RMSprop()	RMSprop 优化器
torch.optim.Adamax()	Adamax 优化器
学习率调整	
torch.optim.lr_scheduler.LambdaLR()	根据 lambda 表达式，更新每个 Epoch 的学习率，lambda 表达式通常使用 Epoch 得到
torch.optim.lr_scheduler.StepLR()	每隔一定的 Epoch，将学习率衰减为（上一次的学习率 × gamma），gamma 为衰减系数
torch.optim.lr_scheduler.MultiStepLR()	自由设置多个 Epoch 断点，当达到设定的 Epoch 时，按照给定的 gamma 衰减
torch.optim.lr_scheduler.CosineAnnealingLR()	根据余弦退火公式计算调整学习率
网络层定义	
torch.nn.Sequential()	作为网络搭建的容器，实现简单的自定义顺序网络搭建
torch.nn.Conv1d()	对输入数据进行一维卷积
torch.nn.Conv2d()	对输入数据进行二维卷积
torch.nn.Conv3d()	对输入数据进行三维卷积
torch.nn.ConvTranspose1d()	对输入数据进行一维转置卷积
torch.nn.ConvTranspose1d()	对输入数据进行二维转置卷积
torch.nn.ConvTranspose1d()	对输入数据进行三维转置卷积
torch.nn.Linear()	对输入数据进行线性变换

（续）

网络层定义	
torch.nn.BatchNorm1d()	对输入的一维批数据进行批标准化操作
torch.nn.BatchNorm2d()	对输入的二维批数据进行批标准化操作
torch.nn.BatchNorm3d()	对输入的三维批数据进行批标准化操作
torch.nn.MaxPool1d()	对输入数据进行一维最大值池化
torch.nn.MaxPool2d()	对输入数据进行二维最大值池化
torch.nn.MaxPool3d()	对输入数据进行三维最大值池化
torch.nn.AvgPool1d()	对输入数据进行一维平均值池化
torch.nn.AvgPool2d()	对输入数据进行二维平均值池化
torch.nn.AvgPool3d()	对输入数据进行三维平均值池化
torch.nn.AdaptiveAvgPool1d()	对输入数据进行一维自适应平均池化
torch.nn.AdaptiveAvgPool2d()	对输入数据进行二维自适应平均池化
torch.nn.AdaptiveAvgPool3d()	对输入数据进行三维自适应平均池化
torch.nn.Flatten()	将 Tensor 中连续的几个维度展平
torch.nn.RNN()	多层 RNN 单元
torch.nn.LSTM()	多层长短期记忆 LSTM 单元
torch.nn.GRU()	多层门限循环 GRU 单元
激活函数	
torch.nn.Tanh()	Tanh 激活函数
torch.nn.Sigmoid()	Sigmoid 激活函数
torch.nn.Softmax()	Softmax 激活函数
torch.nn.ReLU()	ReLU 激活函数
torch.nn.Softplus()	ReLU 激活函数的平滑近似
初始化	
torch.nn.init.uniform_()	按照均匀分布对 tensor 随机赋值
torch.nn.init.normal_()	按照正态分布对 tensor 随机赋值
torch.nn.init.ones_()	使用常数 1 对 tensor 赋值
torch.nn.init.zeros_()	使用常数 0 对 tensor 赋值

（续）

模型保存	
torch.save()	保存网络模型或其他重要参数
torch.load()	加载保存的网络模型或其他重要参数
model.load_state_dict()	将保存的模型参数加载进 model 模型中
torch.device()	代表将 torch.Tensor 分配到的设备的对象
张量操作	
torch.tensor()	直接生成张量
torch.Tensor()	直接生成 torch.float32 类型的张量
torch.ones()	生成指定 size 且元素值全为 1 的张量
torch.zeros()	生成指定 size 且元素值全为 0 的张量
torch.eye()	生成单位张量
torch.ones_like()	按照另一个张量的形状生成元素值全为 1 的张量
torch.zeros_like()	按照另一个张量的形状生成元素值全为 0 的张量
torch.linspace()	在指定区间 [start, end] 内取固定间隔的数值生成一维张量
torch.from_numpy()	将 Numpy 数组转化为张量
torch.normal()	从给定平均值和标准偏差的独立正态分布中抽取随机数生成张量并返回
torch.rand()	返回用区间 [0, 1) 上均匀分布的随机数填充的指定形状的张量
torch.randn()	使用均值为 0、方差为 1 的正态分布（也称为标准正态分布）中的随机数生成指定形状的张量并返回
torch.randint()	使用在 [start,end) 之间均匀生成的随机整数生成指定形状的张量并返回
torch.full()	生成用 fill_value 填充的大小为 size 的张量
torch.arange()	在指定区间 [start, end) 内按照步长取值生成一维张量
torch.reshape()	使用一个张量的元素按照指定的 size 形成新的张量并返回
torch.squeeze()	去掉维数为 1 的维度
torch.unsqueeze()	在指定位置上插入维数为 1 的维度
torch.cat()	在给定的维度中连接给定的张量序列

（续）

	张量操作
torch.stack()	沿新维度连接一列张量
tensor.repeat()	沿指定维度重复此张量
torch.matmul()	两个张量进行矩阵相乘
torch.t()	对张量进行矩阵转置运算，要求输入的张量维度不大于 2
torch.exp()	对输入张量的元素进行指数运算，并返回新张量
torch.log()	对输入张量的元素进行自然对数运算，并返回新张量
torch.sqrt()	对输入张量的元素进行平方根运算，并返回新张量
torch.sort()	按升序沿给定维度对输入张量的元素进行排序
torch.max()	返回输入张量中所有元素的最大值
torch.argmax()	返回输入张量中所有元素的最大值的索引
torch.min()	返回输入张量中所有元素的最小值
torch.argmin()	返回输入张量中所有元素的最小值的索引
torch.mean()	返回输入张量中所有元素的平均值
torch.sum()	返回输入张量中所有元素的总和
torch.topk()	返回输入张量沿给定维度的 k 个最大元素
torch.where()	返回符合条件的元素组成的张量